Möte med orm

Andra upplagan

Ormar i naturen och på tomten

Omslagsfoto: Rickard Ljunggren.
Framsida: huggormshane fotograferad i Halmstad.
Baksida: huggormshane fotograferad i Hässleholm.

Förord

Varje år får Giftinformationscentralen mellan 800 och 1000 samtal gällande huggormsbett, varav ungefär 300 är från sjukhus där man misstänker att någon har blivit biten.
Antalet huggormsbett per år har, med små årsvariationer, varit rätt konstant sedan 70-talet. Det finns inget som heter "huggormsår". Jag läser ofta att "i år är det ovanligt mycket huggorm", men det stämmer inte om man ser till hela Sverige. Lokalt kan populationer med huggormar öka eller minska och till och med försvinna, men sett över landet är mängden huggormar hyfsat konstant. Att du ser fler huggormar än vad du brukar göra handlar enbart om slumpen, eller tur om man har mitt sätt att se på huggormar.
Man ska naturligtvis ha stor respekt för huggormar och man ska alltid söka vård om man råkat bli biten. Viktigt är dock att du inte låter det påverka glädjen av att vara utomhus, att njuta av din trädgård eller ta del av vår allemansrätt. Huggormar är skygga djur, de gör vad de kan för att undvika oss människor. Ibland misslyckas de dock och då är det bra om vi ser till att det blir ett lyckat möte!

Denna bok är sprungen ur mitt genuina intresse för ormar och min förhoppning att läsandet av boken ska öka våra ormars chans att överleva mötet med människan. Idé och grundmaterial till boken har jag hämtat från mina föreläsningar om ormar och en del från berättelser jag fått från föreläsningarnas besökare. Tack alla som tagit sig tid att komma och lyssna på mina föreläsningar och ett extra tack till er som bidragit med kloka tankar och kluriga frågor! Bästa frågan hittills borde vara den jag fick av en pojke i förskoleålder, om man kan skjuta iväg ormar med pilbåge!
Stort tack till alla som hjälpt mig att få boken från idé till färdig produkt.
Tack Annie, Bertil och Jennianne för korrekturläsning, synpunkter och faktagranskning av första upplagan och tack till Lina för att du korrekturläst andra upplagan.
Tack till alla som bidragit med bilder!
Utan en förstående familj hade denna lilla bok säkerligen inte kommit till, tack Jenny, Ludwig och Jacob! Jag lägger alldeles för stor tid på herpetologin, men ni låter mig.

Till sist, ett stort tack till dig som väljer att läsa min bok! Jag hoppas att du finner ämnet lika intressant som jag gör!

Med vänlig hälsning Rickard, ormfantast sedan barnsben

Rickard Ljunggren

MÖTE MED ORM

Andra upplagan

Med premiumtryck

Fotografi: Fotograf omnämnd under respektive bild.

Korrekturläsning första upplagan: Annie Malmros, Bertil Carlsson, Jennianne Ahlström.
Korrekturläsning andra upplagan: Lina Malm.

Förlag: BoD · Books on Demand, Stockholm, Sverige
Tryck: Libri Plureos GmbH, Hamburg, Tyskland

ISBN: 978-91-8057-761-8

Innehållsförteckning

1. Inledning

I din hand håller du den andra upplagan av min bok, *Möte med orm*. Bokens första upplaga skrevs och släpptes år 2020, under pågående pandemi. Jag hade sedan något år föreläst om ormar på bibliotek runt om i södra Sverige och det hade börjat rulla på rätt bra med bokningar. När nyheten kom, om att covidviruset hade börjat sprida sig i Sverige, blev mina kommande föreläsningar avbokade och under nästföljande år var kalendern blank. Där någonstans föddes idén till denna bok och en gammal dröm om att ge ut en bok förverkligades. Det visade sig att det var både roligt och lärorikt att skriva! Totalt har det nu blivit åtta böcker om ormar, varav den åttonde är mitt första försök på engelska. Mina föreläsningar kom igång igen efter pandemin. Några gånger per år är jag på bibliotek eller hos studieförbund och pratar om ormar. Självklart har jag med mig ormar och visar upp på mina föreläsningar, både sådana man kan få klappa och sådana som man för hälsans skull bör hålla lite avstånd till.
Mitt syfte med denna bok är att hjälpa våra svenska ormar att överleva, genom att ge dig ökad kunskap och förståelse för dessa vackra djur. På köpet kan man förhoppningsvis minska rädslan hos någon läsare eftersom mycket oro handlar om det man inte känner till så väl. Sist, men inte minst, så kan vi kanske spara ett ormbett här och där genom att fler agerar på rätt sätt vid möte med orm. Jag tror att uteblivna ormbett leder till en ökad grad av överlevnad hos våra ormar. Ju färre som blir bitna, desto lättare tror jag att det är att leva sida vid sida med våra svenska djur som saknar päls och fjädrar. Sociala medier påvisar att det finns en brist på kunskap om våra ormar och en rädsla som ofta bottnar i denna okunskap samt framförallt en massa felaktiga råd och påståenden som sprids i tvärsäker ton. På nätet finns det alltför många självutnämnda experter och felaktigheter upprepas och sprids till mottagare som tror sig ha fått reda på fakta som de sedan själva kan sprida vidare.
Vår svenska huggorm har tyvärr ett rykte som är värre än sanningen, men dessa vackra ormar har sin naturliga plats i vårt ekosystem.
Min förhoppning är att du som läser denna text ska hålla med mig om detta när du har kommit till sista sidan.
Bokens kärnämne är svenska ormar, ormar på tomten och ormar i naturen. Tanken är att boken ska ge dig svar på vad det är för orm du ser, vad du ska göra, vad du inte ska göra och om du måste göra något över huvud taget när du orm.
I boken förekommer vetenskapliga namn på alla arter som nämns. Inom västerländsk forskning är de vetenskapliga namnen oftast en

blandning av grekiska och latin, med inslag av andra språk, men oftast i latiniserad språkdräkt. På grund av det starka latinska inflytandet på dessa namn används ofta det felaktiga begreppet "latinskt namn". För de flesta är dessa namn säkert ointressant läsning, men om någon vill söka efter mer information om någon art eller leta bilder på nätet är dessa namn i allra högsta grad användbara. De vetenskapliga namnen är skrivna med kursiv text, inom parentes. Motsatsen till det vetenskapliga namn kallas populärnamn.
Exempel på populärnamn är huggorm (*Vipera berus* är det vetenskapliga namnet på vår svenska huggorm), kungspyton *(Python regius)* och majsorm *(Pantherophis guttatus)*. Med hjälp av vetenskapliga namn kan man ofta se släktskap mellan olika arter av ormar och ibland få en grundbild kring arten, till exempel om den är giftig eller ej. Ett problem med populärnamn är att inte samma ordning råder som det gör bland de vetenskapliga namnen och därför säger namnet ibland inte så mycket om arten. Ibland kan populärnamnen dessutom skapa förvirring då en art kan ha flera olika populärnamn, ett svenskt populärnamn kan ibland saknas och ett populärnamn kan till och med användas till flera olika arter.
Ett bra exempel på att ett populärnamn kan vara lite slarvigt satt är vår svenska snok som vi kort och gott brukar kalla för "snok". Men egentligen är snokar *(Colubridae)* en familj av ormar med ungefär 1800 olika arter av snok.

Foto: Rickard Ljunggren.
En kull gråbandade kungssnokar *(Lampropeltis alterna)* kläckta hemma hos mig för ett antal år sedan. Föräldrarna har jag alltid med mig på föreläsningar, det är väldigt lugna djur och bra exempel på att ormar inte alltid är farliga och på att ormar egentligen inte är aggressiva. Just

att ormar ska vara aggressiva är något jag ofta dementerar, både på föreläsningar och sociala medier. En orm är inte aggressiv, den är defensiv. En orm anfaller inte dig, den ser ett behov av att försvara sig för att den anser att du har kommit lite väl nära. Därav blir vi människor aldrig jagade av ormar, de går helt enkelt inte till anfall. Hör du någon berätta om när de blev jagade av en orm kan du ta för givet att det inte stämmer.
Jag får ofta frågan på föreläsningarna om mina kungssnokar är giftiga när folk vågar sig fram för att känna på ormen. Svaret är alltid "då hade du inte fått klappa".

Vem är då jag?

Mitt namn är Rickard Ljunggren och jag är född och uppvuxen i orten jag bor i än idag, Hässleholm. Jag bor tillsammans med fru och två barn i villa men även med en del husdjur av det lite ovanligare slaget i vår källare. Jag föreläser ibland om ormrädsla, svenska ormar och ormar på tomten. Denna bok är helt enkelt en fördjupning av det material jag använder mig av vid dessa föreläsningar.

Jag har varit intresserad av ormar sedan jag var liten. Jag kommer ihåg att jag på lågstadiet lånade naturböcker på skolbiblioteket och ritade av de exotiska ormar som fanns med på bild.
Under uppväxten åkte vi någon gång varje år till Skånes djurpark. Det djur jag tyckte var mest spännande var huggormarna som kändes kittlande farliga och jag stod i långa stunder lutad över utehägnet som de då hade till huggormarna.
Där jag är uppvuxen hade vi nära till skogen och det hände att man fångade en snok eller en kopparorm och tog med hem för att ha i trädgården en stund innan den fick flytta ut i skogen igen. När jag gick i lekis hade jag och en kompis en snok gömd i deras garage ett kort tag. Idag vet jag att man inte får plocka med sig djur från skogen hem, men en sexåring har inte alltid koll på lagar och regler och föräldrarna var ju ovetande om min djurhållning.
Precis som många andra barn ville jag ha husdjur och mina föräldrar skaffade mig ett par undulater. Tyvärr visade det sig att jag var allergisk mot våra nya familjemedlemmar och jag var hemma från skolan lika länge som undulaterna bodde kvar hos oss.
Jag hade ju redan ett intresse för ormar så egentligen ville jag ha en orm då när det visat sig att fjäder och dessutom päls inte var något som passade mig. Orm var dock inte ett valbart alternativ så länge jag bodde hemma så min första reptil blev istället en vattensköldpadda, en rödörad vattensköldpadda *(Trachemys scripta elegans).*

Arten var väldigt populär som husdjur under andra halvan av 80-talet och för många en första reptil. Tyvärr tyckte nog många att de var små och söta som nykläckta, men att det var mycket jobb att hålla rent efter sköldpaddorna när de blev stora. Många som tröttnat på att ha dessa sköldpaddor som husdjur har genom åren släppts ut dem i den svenska naturen. En del överlever vintern och arten räknas därför numera som invasiv. Med invasiv menas en art som introducerats till områden utanför sitt ursprungliga utbredningsområde och som sprider sig av egen kraft, vilket påverkar det ursprungliga ekosystemet. Detta gör att denna sköldpaddsart inte längre får köpas och säljas i Sverige. Mer om invasiva arter hittar du längre fram i boken.
Så fort jag flyttat hemifrån skaffade jag mig min första orm. Valet föll på en strumpebandssnok *(Thamnophis sirtalis) vilket är e*n liten och lättskött art som var mycket billigare än den majsorm *(Pantherophis guttatus)* som jag egentligen ville ha. Detta var på mitten av 90-talet och det utbud som finns idag, fanns definitivt inte då. Priserna var också högre och kommer jag ihåg rätt kostade en vildfärgad* majsorm 1200kr då, medan de idag kostar 200kr (och då har vi även tjugo års inflation att ta hänsyn till). Sedan dess har jag antagligen ägt ungefär 200 ormar, varav en hel del har varit sådana som jag själv fött upp och som sedan fått lämna hemmet när dom kommit igång med maten. Idag har jag drygt 30 ormar i källaren, både arter man vågar klappa och arter som har lite gift i sitt bett.

*Samma färg och mönster på ormen som den har i vilt tillstånd i naturen. Inte framodlade färger/mönster, vilket är vanligt i ormhobbyn.

Vi reser gärna till Asien hela familjen och jag har alltid med mig ormkroken på semestern och passar gärna på att leta efter orm i skogen, djungeln eller på risfälten. Man får se sig för och nattetid använder jag alltid en stark pannlampa. Dagtid händer det att jag får med mig familjen ut i Asiens natur, men nattetid får jag ge mig ut ensam. Familjen delar inte riktigt mitt intresse utan de andra tre är mestadels ute efter mer "vanlig" semester. Jag tycker att det är fantastiskt rogivande att ge sig ut i naturen på upptäcktsfärd och ibland leder det till spännande möten, allt från att man står öga mot öga med en siamesisk spottkobra (*Naja siamensis*) till att man blir hembjuden till en familj på den kambodjanska landsbygden och får en tallrik med tre grillade råttor och lite sallad.
När jag skrev dessa rader hade jag nästa resa till Thailand mindre än två veckor framför mig! Inplanerat var ormletande nattetid utanför

Hua Hin, lite vandring i skogen längs gränsen till Burma och en natt i Bangkoks utkanter där det finns gott om palmhuggormar.

Foto: Rickard Ljunggren. En av Thailands många arter av palmhuggorm, en *Trimeresurus macrops.* Bilden är tagen sommaren 2024 med mobiltelefon en natt i Bangkok när jag vandrade några timmar med pannlampa i ett bostadsområde i stadens utkanter. Längs vägar och trottoarer och i trädgårdarnas buskar och krukväxter hittade jag totalt 20 giftormar och två större pytonormar. Många av de arter jag vill se på semestern är mestadels nattaktiva, de flesta ormarna jag hittar på semestern hittar jag efter mörkrets inbrott. *Trimeresurus macrops* är för mig en rolig art att se i det fria men jag har även två exemplar hemma i källaren. Arten är giftig.

För er som inte har möjlighet eller önskan att besöka Asiens skogar kan jag rekommendera vår svenska natur.
På våren är jag ofta ute och tittar på huggorm och snok i skog och mark. I Skåne där jag bor börjar säsongen för våra ormar i mitten av februari och ända fram till slutet av november kan man stöta på enstaka huggormar. Ett par meter är ett tryggt och säkert avstånd till en orm i vår natur.
"Ta bilder, lämna fotspår" är ett bra uttryck att luta sig mot när man vistas i naturen. Ta bara bilder med dig hem, lämna inget efter dig i naturen förutom eventuella fotspår är andemeningen i detta uttryck. Jag kommer aldrig att förstå de människor som gärna vistas i naturen, men som samtidigt inte har något problem med att skräpa ner. Att enbart ta bilder med sig hem är egentligen lite skarpt uttryckt, att plocka bär, svamp eller liknande är ju inget konstigt.

Foto: Jonathan Hagström.
Siamesisk spottkobra *(Naja siamensis),* bild tagen utanför Hua Hin, Thailand, sommaren 2018. Arten är extremt giftig och spottar med samma gift som de biter med. Eftersom spottkobran gärna spottar mot ögonen bär jag därför skyddsglasögon.

Foto nästa sida: Jonathan Hagström.
En *Bungarus candidus* jag fick ha på ormkroken under mitt besök i Thailand sommaren 2024. Arten saknar svenskt populärnamn, på engelska kallas den för malayan krait. Jag tror att detta är den giftigaste orm jag någonsin kommer att stöta på i det fria. Det är den giftigaste arten utanför Australien och jag tror att jag aldrig kommer att orka resa så långt iväg som till det landet. Mitt och familjens intresse för att resa till Asien bromsar också resandet till andra kontinenter, det är ju tyvärr dyrt att resa.

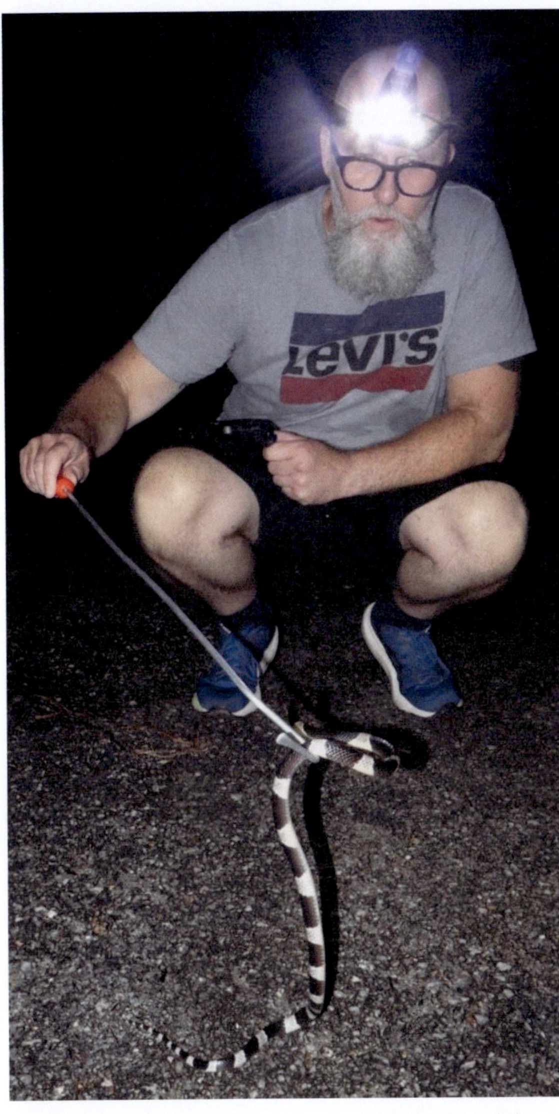

Man brukar lite slarvigt säga att ett bett från en malayan krait innehåller tillräckligt med gift för att döda fem vuxna människor. Ungefär hälften av alla bett på människor har tyvärr dödlig utgång– även om den bitna ges serum. Utan rätt vård slutar de flesta betten med att den bitna dör. Giftet är dessutom bedövande, det är inte alltid man märker att man blivit biten. Reaktion efter ett bett kan dröja så länge som 24–48 timmar, men det har även hänt att den bitna avlider efter 30 minuter. Som tur är så är det nattaktiva och skygga ormar som sällan biter oss människor. Ormen på bilden var ytterst samarbetsvillig och gjorde inga försök att bita mig.

Reptiler som husdjur

Reptiler som husdjur är allergifria och lättskötta men man ska dock läsa på innan man skaffar sig ett nytt husdjur och tänka på att dom har en rätt lång livslängd, i extremfall över 100 år. Reptiler är djur man håller i terrarium eller liknande och det är djur som är mera till för att titta på än umgås med. Att de ibland kan dra nytta av vår kroppsvärme när vi håller i dem kan lura en del till att tro att det är djur som är lite sociala, men så är inte fallet. Reptiler saknar helt socialt behov och mår bäst i terrariets miljö som ska vara anpassat för den aktuella artens krav. Alla arter har sina krav på miljö, såsom luftfuktighet, värme, foder osv, att vara påläst om sitt husdjur borgar för en lyckad hobby.

Ett fint inrett terrarium med en vacker reptil i är ett konstverk, precis som ett välskött och genomtänkt akvarium kan vara.
På nätet hittar man mycket att läsa om hur olika reptiler ska skötas. Funderar man på att införskaffa reptil är det alltid bra att starta med att köpa och inreda ett terrarium innan djuret flyttar in. Då har man möjlighet att få allting klart och få till rätt luftfuktighet och värmeförhållande innan husdjuret flyttar in. Skaffar du husdjur till dina barn ska du vara medveten om att ansvaret för skötsel alltid måste ligga hos föräldrarna. Man behöver ibland påminna om att det finns ett husdjur att sköta och man bör alltid ha ett vakande öga över hur husdjuren mår och har det. Se även till att i förväg veta var du införskaffar foder, alla djuraffärer säljer inte mat som passar reptiler.

Att gå på en reptilmässa kan vara en bra start när man börjar fundera på inköp. Utbudet är stort och de som säljer djur på mässor är ofta kunniga om de djur de har till salu och svarar gärna på frågor. Var och när nästa reptilmässa är hittar du säkert information om på nätet. Man får räkna med att köra en bit om man inte råkar bo nära, men utbudet och priserna gör det värt besväret. Samtliga djur man köper i Sverige måste vara fångenskapsuppfödda, det vill säga de får inte vara fångade i naturen. I många kommuner krävs tillstånd för att få hålla orm i sitt hem så ta reda på vad som gäller där du bor. Ibland kan det även var så att fastighetsägaren kan ha synpunkter om man hyr sitt boende.
Det förekommer att privatpersoner har giftormar i sitt hem, detta rekommenderar jag verkligen inte för nybörjare. Kraven på säkerhet är högre då misstag och rymningar kan få allvarliga och ibland livshotande följder. Att ha giftorm kräver ibland speciellt tillstånd, beroende på var du bor.

Är du intresserad av att skaffa en reptil som husdjur kan jag rekommendera ett medlemskap i någon av våra herpetologiska föreningar. Jag sitter själv i styrelsen för Sveriges herpetologiska riksförening, samt lokalavdelningens styrelse i Skåne där jag bor. Funderar du på medlemskap hittar du aktuell information på nätet.

Vill du veta mer om skötsel av ormar som husdjur så kan jag vara lite självgod och rekommendera en av mina böcker som handlar om just detta. Den heter **Ormar som husdjur** och har ISBN-13: 9789179696320.
Du hittar den i nätbokhandeln och på ungefär 50 bibliotek.

Den är tänkt att vara en självklar bok till den som nyligen upptäckt terrariehobbyn. Boken ska ge all kunskap som behövs för en lyckad start med ett nytt husdjur och att den ska gå att läsa även om man stöter på problem längre fram.
Jag har helt enkelt försökt att skriva den bok jag själv borde ha läst när jag skaffade mig min första orm i början av 1990-talet.
På omslaget ser du en kungspyton som är framavlad till att delvis sakna sitt karaktäristiska mönster.

Foto: Rickard Ljunggren.
Ett par kungspyton *(Python regius)* fotograferade hemma i vår källare. Arten är en av de vanligaste att hålla som husdjur och räknas som en lättskött art även för nybörjare. Jag vet inte om detta är den vanligaste arten att ha som husdjur eller om det är majsorm, *(Pantherophis guttatus)*. Skulle jag föreslå en av arterna att börja med hade det blivit majsorm som är lite mera aktiv i terrariet.

2. Om ormar

Min tanke med detta kapitel är att det är bra att ha grundkunskap om ormar i allmänhet och förstå hur dessa fungerar för att kunna hantera ett möte med orm på bästa sätt. När jag föreläst har jag hört många skrönor och fått till mig många husmorsknep och missuppfattningar om hur man ska lösa problem med ovälkomna ormar och överraskande möten. Någon hade radion på full volym ute i trädgården när rabatterna skulle rensas. Någon annan kissade längs tomtgränsen för att markera revir och hålla ormar borta, förhoppningsvis bodde denna någon inte mitt i ett villaområde. Utöver hemmasnickrade lösningar som inte fungerar så finns det även många företag som säljer produkter till för att lösa problemet med ovälkomna gäster som ringlar in på tomten. Dessa lösningar hjälper dig att oftast att skiljas från dina pengar, men inte från dina "hyresgäster". Det har helt enkelt en funktion som jag skulle kunna beskriva som tveksam/bristfällig, om jag vill vara artig och snäll. Ofta är det olika vibratorer som saluförs och dessa lurar konsumenten, men inte ormen. Jag har själv med min ormkrok lyft upp en huggormshane som solade enstaka meter från en vibrator som säljs för att skrämma bort ormar. De skapar en falsk trygghet hos den som införskaffat en sådan, vilket egentligen kan förvärra situationen. Litar du blint på att ormarna har flyttat från tomten slutar du kanske se dig för? Vissa påstår sig ha haft framgång med sådana ormskrämmor men min tro är att ormarnas frånvaro beror på annat. Jag har besökt en population huggormar som hade sin övervintringsplats några meter från järnvägen. Ett godståg vibrerar mångt mycket mer än en batteridriven plastpinne för en dryg hundralapp.

Ormar härstammar från ödlor, äldsta fynden av orm är ungefär 100 miljoner år gammalt. Man tror att ormarna var ödlor som förlorade sina ben då de under en period under sin evolution började leva under markytan. Benen behövdes inte och var bara i vägen när ormen skulle ta sig fram i trånga gångar under markytan i jakt på byten. Ormarna började istället slingra sig fram genom att pressa musklerna mot olika föremål och trycker sig snett framåt. Under samma period har ormarna också förlorat sina ögonlock och istället fått skyddande hud över ögonen. Fortfarande idag söker ormar skydd i håligheter och gropar när de känner sig hotade. Vissa arter har kvar spår i skelettet efter ben, t ex. kungspyton *(Python regius)* som är en vanlig art att hålla som husdjur har spår av bakbenen kvar.

Under evolutionens lopp har ormar anpassat sig till en mängd olika livsmiljöer. Det finns arter som lever på land, på eller under markytan eller uppe i buskar och träds grenverk. Det finns ormar som är mer eller mindre vattenlevande, i allt från träskmarker och små vattendrag till ute i världshaven. Slutligen så finns det även ormar som har anpassat sig till en urban miljö, en storstad som Bangkok har rätt mycket ormar. Den största artrikedomen finns i tropikerna som har ett gynnsamt klimat för växelvarma djur, men det finns även ormar i ganska ogynnsamma regioner som öknar och bergskedjor. Vissa arter klarar ett rätt kyligt klimat som i vårt kalla Sverige där ormar måste gå i ide för att överleva vintern.
Nya, men ifrågasatta, studier tyder på att alla giftiga ormar har en gemensam stamfader. Forskning som påvisar motsatsen kom för några år sedan, i framtiden kommer vi kanske fram till vad som stämmer? Giftutvecklingen började för ungefär 170 miljoner år sedan och det anses att det är tack vare denna som ormarna sedan dess framgångsrikt har kunnat breda ut sig över världen.
Flera ormfamiljer har förlorat förmågan att producera gift, ofta på grund av en förändring i kosten eller en förändring i rovtaktiken. Utvecklingen till gift och gifttänder började med proteinförändringar i reptilens saliv och den uppmärksamme läsaren kanske anar att denna förändring började redan hos ödlorna. Idag finns det flera ödlearter som har denna förändring i saliven, men inga ödlor har gifttänder avsedda till att injicera gift med.

Idag finns det en bit över 3 500 ormarter utspridda över samtliga kontinenter förutom på Antarktis. Den nordligaste arten är huggormen *(Vipera berus),* som förekommer i Sverige. Den sydligaste, som saknar svenskt populärnamn men på engelska kallas Patagonian lancehead *(Bothrops ammodytoides),* lever i Argentina. Det finns några öar och ögrupper du kan besöka om du vill vara garanterad att slippa träffa vilda ormar, bl. a Irland, Island, Grönland, Nya Zeeland och Hawaii.

Fortfarande dyker det upp någon ny ormart varje år. Oftast hittas de nya arterna långt inne i Asiens eller Sydamerikas regnskogar eller så handlar det om en art med större utbredningsområde där stora skillnader mellan ormpopulationerna har uppkommit med evolutionens hjälp har uppstått. Först blir skillnaderna så pass att det räknas som olika underarter, men till sist (om de fortsätter att utvecklas på olika sätt) kan de börja räknas som olika arter.

Ormar varierar väldigt mycket i storlek. De längsta kan bli nästan 9 meter långa och de tyngsta lär kunna väga över 200 kg, De minsta blir knappt 15 cm långa som fullvuxna och ser mest ut som en bit tunt snöre i din hand. Man brukar räkna den asiatiska nätpytonormen *(Malayopython reticulatus)* som världens längsta art, men den är slankare i kroppen än den gröna anakondan *(Eunectes murinus)* från Sydamerika som är den tyngsta arten. Man hör ibland talas om människoätande ormar och det ligger faktiskt en del sanning i detta. Det händer att en nätpyton tar en människa som byte någonstans i Sydostasien, oftast verkar det hända i Indonesien eller Malaysia. Med "oftast" menar jag att om det händer så är det i dessa länder det händer, men det händer väldigt sällan. För att arten ska klara av att svälja en människa gäller det att den aktuella människan inte är alltför stor. Vår anatomi med axlar av hyfsad bredd sätter stopp när ormen försöker svälja. Det finns inga uppgifter om att en fullstor västerlänning ska ha blivit uppäten. Anakondan nämns ibland som en människoätare, men det finns inga dokumenterade fall vad jag vet.

Tyvärr blir det mer och mer ovanligt med extremt stora exemplar av dessa arter i vilt tillstånd. Deras natur exploateras och ormarna dödas ofta av människan innan de hinner nå sin fulla storlek. Ormar växer mer eller mindre hela livet och för att kunna uppnå full storlek måste de ofta ha över 20 år på sig. Få ormar har lyckan att uppnå denna aktningsvärda ålder, delvis för att även ormar råkar ut för rovdjur, men människan har en större och större negativ påverkan på våra jätteormars livslängd. En stor orm ses som ett hot mot den egna familjen och de djur och husdjur man har.

Jakt på orm för husbehov (till mat/skinn) i tredje världen har alltid funnits men numera har vi tyvärr även adderat habitatförlust och jakt på ormar för internationell skinnhandel, souvenirer och för att fånga ormar som ska användas till att underhålla turister. Här kan du bidra genom att inte ta del av turistattraktioner där djur står för underhållningen och genom att inte köpa souvenirer eller skinnprodukter gjorda på hud eller andra kroppsdelar från ormar. Självklart behöver dina skor, ditt skärp eller din väska inte vara tillverkat av ormar som skördats i naturen.

Foto: David Clode, Unsplash

Nätpyton *(Malayopython reticulatus)*. En fantastiskt vacker art som jag flera gånger haft förmånen att få se i det fria. Jag höll faktiskt på att få en sådan i huvudet en gång för ca 15 år sedan. Ormen hade tagit ett byte i grenverket ovanför, tappade greppet om grenen den var på och plumsade i vattnet strax bredvid flotten jag tog mig fram på.

Ormar saknar bröst- och bäckenben, fast hos vissa boa- och pytonormar finns det rester av bäcken som ser ut ungefär som ett par sporrar baktill på undersidan av kroppen. Man brukar säga att ormars skelett bara har tre sorters ben, ben i kraniet, ryggkotor och revben. Käkarna sitter inte ihop som våra gör, de sitter ihop med elastiska band. Underkäken sitter inte heller ihop fram på "hakan" utan även där är ormens mun töjbar. Därför kan ormar öppna munnen väldigt mycket och svälja byten som är många gånger större än deras eget huvud. Eftersom ormar ofta fångar byten som är både större och bredare än de själva är kan det ta flera timmar att svälja det. Luftförsörjningen fungerar under tiden eftersom luftstrupen mynnar ut långt fram i underkäken och när ett bytesdjur ska passera skjuts denna förlängning av luftstrupen fram en bit. Detta gör att maten inte kommer i vägen för andningen. Själva luftstrupen är omgiven av hårda broskringar så att den inte trycks samman av bytesdjurets kropp. Av utrymmesskäl har de flesta ormar oftast endast en lunga, så att bytet inte hämmar andningen när det passerar på väg ner till magsäcken.

Ormarnas mun är formad så att de kan sträcka ut tungan utan att behöva öppna munnen. Tittar man noga så ser man ett runt litet hål längst fram på munnen fastän den är stängd. Detta gör att ormen inte behöver öppna munnen för att kunna spela med tungan. Ormar har nästan alltid munnen stängd, förutom när de äter eller ska bita något. Vissa arter har dock munnen öppen när de försöker uppträda hotande. Att ha munnen öppen innebär att saliv dunstar och ormen förlorar kroppsvätska. Att nästan alltid ha munnen stängd, kombinerat med att ormar inte svettas, gör att ormar klarar sig på rätt lite vatten.

Foto: Rickard Ljunggren. En majsorms mun.

Något som ofta är det första man reagerar på hos en orm är dess v-formade tunga som spelar. Tungan, som åker ut och in ur munnen ofta, används till att lukta med.
Ormens luktsinne är mycket välutvecklat och det är dess viktigaste sinnesorgan. Tungan sticks ut under nosen och plockar upp doftpartiklar i luften, oftare om ormen hittat ett intressant doftspår (ex. mat) eller om den känner av ett hot och det kan vara livsavgörande att snabbt analysera sin omgivning. När tungan åker tillbaka in i munnen förs tungspetsarna upp i gomtaket där ett organ kallat det Jacobsonska organet finns. Detta organ analyserar dofterna och informationen från analysen förs sedan vidare till hjärnan. Ormens tunga är tvådelad för att den på bästa möjliga sätt ska ta upp doftpartiklar och för att den lättare ska känna riktningen på det den känner doft av. Det Jacobsonska organet är också tvådelat och passar precis till tungspetsarna. Ormen har också en nos, men med den känner den inte dofter så bra.
Ormars syn och hörsel är inte lika välutvecklat som luktsinnet. Synen hos ormar varierar mellan arter på grund av deras olika livsstilar. En del dagaktiva arter har rätt bra syn men de flesta ormarna har inte det. Ormar har inte heller ett lika välutvecklat färgseende som vi har. De ser former, men inte detaljer. Ormar saknar ytteröra och hörselgång. Rester av inneröra finns kvar men ormar hör mestadels det man kallar markbundna ljud och lågfrekventa luftburna ljud. Att skrika på en orm har inte direkt någon effekt men att stampa och klampa kan få ormen att ge sig iväg. Just detta med att klampa fungerar bättre på vissa arter och sämre på andra. Vår svenska snok flyr gärna om de märker att vi närmar oss, en huggorm kan lika gärna ligga blickstill och förlita sig på att den förblir oupptäckt. Om du ser ett filmklipp på nätet med en ormtjusare som spelar flöjt så kan du vara säker på att ormen följer flöjtens rörelser och inget annat. Att flöjten låter vet inte ormen om. Ser du detta i verkligheten tycker jag att du ska gå därifrån då djurturism inte är något man ska stötta.

Foto: Wolfgang Eckert, Pixabay.

Djurvänlig turism blir vanligare och vanligare och innebär att ta avstånd från aktiviteter där djur står för underhållningen. Djurvänlig turism är ett uttryck för ett etiskt tänkande, där ditt agerande och din medvetenhet kan bidra till en bättre situation för djuren på resmålet. Om ingen bidrar med pengar fångas färre ormar i naturen och färre ormar far illa för att roa betalande turister under några enstaka minuter. På vissa turistorter sys munnen igen på ormen eller gifttänderna och giftblåsorna dras ut. När ormen dör fångas en ny... Detta görs inte överallt, men även om ormen inte stympas far den illa av den stress som situationen innebär. Som turist har du stor inverkan. Utbudet av varor och tjänster på ett resmål styrs av efterfrågan, och du kan utnyttja din konsumentmakt till att göra skillnad för djurens bästa.

Ormar varierar väldigt mycket i färg. En del arter är väl kamouflerade och har samma färg som naturen de lever i. Marklevande ormar kan vara bruna som de torra löven de ligger bland och trädlevande ormar kan vara gröna som löven på trädet de lever i. Detta för att andra djur som kan vara ett hot inte ska upptäcka dom och för att bytesdjur inte ska se dom innan dom råkat komma för nära. Många ormar har fantastiska mönster som hjälper till med kamouflaget, vår svenska huggorm till exempel Det finns många ormar som har motsatt taktik. Dessa är väldigt färgglada för att signalera att här är jag och jag är farlig!

Det finns även ogiftiga ormar som utvecklat ett utseende som försöker efterlikna giftiga arter som finns inom samma område, ibland är det inte helt lätt att se skillnad om man inte är van vid att se de aktuella arterna. På fikonspråk kallas detta mimikry. Mimikry betyder ungefär "skyddande likhet" och är en form av beteende eller utseende där en art på något sätt imiterar en annan arts utseende eller rörelsemönster. Vanligtvis är det frågan om att härma en art som på något sätt är farlig, för att på så sätt avskräcka rovdjur.

Honduran milk snake *(Lampropeltis triangulum hondurensis)* från Centralamerika, en helt ogiftig orm i starka varningsfärger.

Foto: Becka Meyer, Pixabay.

Det förekommer albinism bland ormar, vilket innebär en total avsaknad av färgpigmenten melaniner. Resultatet blir en nästan helvit eller ljusgul individ. Albinism är rätt vanligt bland ormar som är husdjur, men ovanligare i naturen. Dels är det ingen som aktivt avlar fram albinos i naturen, dels är det nog svårare att gömma sig för rovdjur om man lyser vitt mot vegetationen.
Betydligt vanligare i vår natur är de helsvarta ormarna, som är melanistiska. Melanism är ett biologiskt begrepp som innebär en förhöjd koncentration av melaniner, det vill säga färgpigment. De svarta huggormarna föds helt enkelt med en ökad mängd svart pigmentering i kroppen. Effekten blir att djuret får en mörkare, eller helsvart, pigmentering. Ett välkänt exempel är den svarta pantern. Hos en del melanistiska huggormar kan man ana sicksackmönstret, men många är jämnt korpsvarta. Inga av de svarta huggormar du ser föds svarta utan de föds med de färger och det mönster som är typiskt för huggormen. Sedan mörknar de melanistiska ormarna efter hand och i vuxen ålder är de svarta. Det finns en viss skillnad i melanismen mellan hanar och honor då många honor har kvar sin bruna färg runt munnen, men undantag finns.
Melanism hittar du hos vår snok (Natrix natrix) också och jag har sett bilder på en melanistisk hasselsnok (Coronella austriaca) som hittats någonstans i Europa, men fenomenet förekommer långt oftare hos våra huggormar. Man skulle kunna tro att motsatsen till melanism är albinism, men motsatsen är faktiskt leucism, det vill säga minskad mängd färgpigment. Leucism är något som inte är helt ovanligt i morphaveln (avel för att få fram färgvarianter) inom reptilhobbyn, något som jag har dålig koll på men jag har för mig att det är rätt populärt med leucistiska ormar inom kungspytonaveln.
Man tror att den svarta färgen hos huggormarna ger en del fördelar och det kan ju stämma med min känsla av att andelen melanistiska exemplar ökar här på hemmaplan. Det finns teorier om att den svarta färgen kan ge en fördel vid jakt, men att det samtidigt är en nackdel när det är huggormen själv som blir jagad. Det är lätt att synas från ovan om man som korpsvart ligger och solar i grönskan. På våren är den mörka färgen definitivt en fördel för de hanar som har bråttom att få upp kroppsvärmen innan det är dags att tampas om honorna då deras mörka kroppar värms upp snabbare när de solar sig.
Undersökningar har visat att melanistiska hanar är tyngre än normalfärgade hanar av samma längd, en fördel när det är kamp om honorna då kroppsstorlek kan vara avgörande. Hos honor påverkar melanism troligen också kroppsstorleken. Är man bättre på att ta till sig solens strålar så är antagligen säsongen då man kan smälta mat något längre. Samtidigt är det så att en mörkare kropp snabbare kyls

ner och många populationer i de svalare delarna av huggormens utbredningsområde har en mindre andel melanistiska huggormar och en andel som inte växer. Ämnet är komplicerat, min gissning är att varje huggormspopulation har ett eget svar på om det är en fördel eller ej att vara melanistisk.

Foto: Rickard Ljunggren. Melanistiska huggormar, fotograferade i Hässleholm en tidig vårdag. Att de ligger och solar ihop har inget med socialt utbyte att göra, de har bara hittat samma plats att sola på.

Foto: WeltderGifte, Pixabay.

Välkamouflerad Gabonhuggorm *(Bitis gabonica)* från Afrika. Arten är extremt giftig och dess gifttänder kan bli över 5cm långa, vilket gör den till den giftormsart som har längst gifttänder i hela världen.

Samtliga ormar är täckta av fjäll, som är som ett skyddande lager pansar. Överhuden innehåller keratin (precis som våra naglar) för att bilda ett tätt och flexibelt hornskikt i form av fjäll som skyddar djuret mot skadlig inverkan från omvärlden. Fjällen kan vara olika grova eller släta beroende på art, men bukfjällen ser alltid ungefär likadana ut. Bild på en orms bukfjäll hittar du på sidan 47. På bilden är det en snok, med sin färgsättning på fjällen. Andra arter kan ha annan färg på sina bukfjäll, men formen är likadan. Bukfjällen är utformade till att hjälpa ormen att få grepp om underlaget så att den kan ringla sig fram.
I samband med att ormar växer, ömsar de skinn. En vätska utsöndras mellan hudlagren för att de lättare ska kunna krypa ur det gamla skinnet. Under tiden som ormen har två lager skinn med en vätska emellan är de rätt matta i färgerna och ögonen ser ofta mjölkigt blåa ut. Synen påverkas negativt av de dubbla hudlagerna, vilket kan göra ormen mera nervös och defensiv.
Unga ormar växer fortare och ömsar då oftare än vuxna ormar som bara ömsar några gånger om året. När de väl ömsar kryper de ur sitt gamla skinn med huvudet först, ungefär som när vi tar av oss en strumpa. Även huden på ögonen och tungan ömsas.

Ormar är växelvarma, det man förr kallade kallblodiga. Detta innebär att ormar saknar förmågan att producera kroppsvärme. Istället justerar de sin kroppstemperatur genom att vid behov uppsöka värme respektive kyla, ofta genom att söka efter sol eller skugga. En stor del av det du äter går åt till att hålla din kropp i lagom temperatur och mycket av vätskan du får i dig sipprar ut genom huden i form av svett. Eftersom ormar inte använder energi till att hålla sig varma och inte kan svettas äter och dricker de väldigt mycket mera sällan än vi. Större pyton- och boaormar kan klara ett par år utan mat i extremfall. Våra svenska ormar går i ide hela vintern och äter inte under denna period. Det är inte helt ovanligt att exemplar från årets kull av snokar och huggormar, som kommer i skarven mellan sommar och höst, går i ide utan att ha tagit sitt första byte.

Alla ormar är rovdjur och de sväljer sina byten hela. Ormar är kända för att kunna svälja överraskande stora byten och man ser ofta klipp som sprids på en orm som sväljer ett byte som ser ut att vara flera gånger större än ormens huvud. Ormen klarar detta för att dess över- och underkäke inte sitter ihop på samma vis som de gör hos oss människor. Man kan säga att käkarna istället sitter ihop med gummiband, vilket gör att ormen kan gapa väldigt stort vid behov. Underkäken sitter inte heller ihop framme på "hakan" utan käken är tvådelad, vilket även hjälper till när man behöver gapa stort.

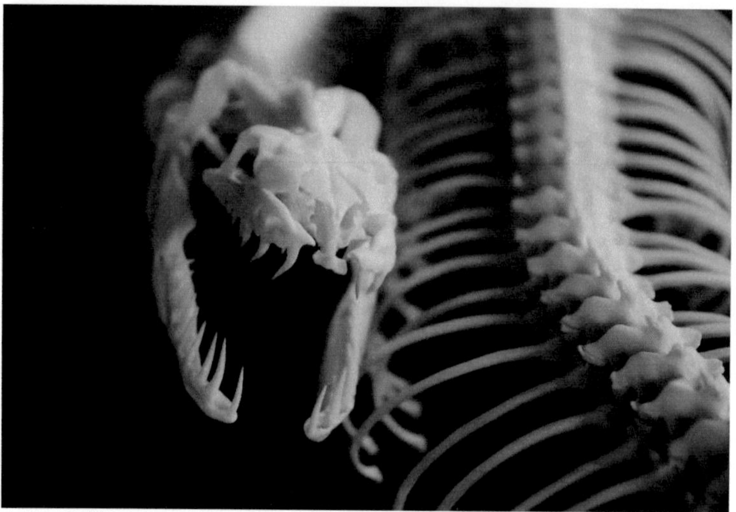

Foto: PublicDomainPictures, Pixabay.

Eftersom ormar ofta fångar byten som är både större och bredare än de själva är kan det ta allt från några minuter till flera timmar att svälja ner det. Luftförsörjningen fungerar under tiden eftersom luftstrupen mynnar ut långt fram i underkäken och när ett bytesdjur ska passera skjuts denna förlängning fram en bit. Detta gör att maten inte kommer i vägen för andningen. Själva luftstrupen, som ser ut ungefär som ett kortare rör som ligger inne i munnen, är omgiven av hårda broskringar så att den inte ska kunna tryckas ihop av bytesdjurets kropp. När ormar dricker stänger de luftstrupen.

Av utrymmesskäl har de flesta ormar oftast endast en lunga, så att bytet inte hämmar andningen när det passerar på väg ner till magsäcken.

Alla ormar har saliv och matsmältningsvätskor som används till att bryta ner maten. Ormgift är en modifierad saliv, som består av en kombination av många olika proteiner och enzymer. Hur många i världen som dör varje år pga. giftormsbett är man inte säker på, presenterade siffror varierar från 20 000 till långt över 100 000. Troligtvis är det den högre siffran som stämmer då man enbart i Indien brukar prata om 50 000 dödsfall per år. I Sverige har det rapporterats 44 dödsfall mellan 1911 – 1978 orsakade av vår svenska huggorm. Numera pratar man om ungefär ett dödsfall vart tionde år i Sverige, mer om detta kan du läsa i kapitlet om vår svenska huggorm.

Med hjälp av gifttänderna paralyserar eller dödar ormen byten som annars kan smita iväg. Giftormar biter och släpper oftast direkt medan ogiftiga ormar håller fast bytet med bettet. Trädlevande giftormar håller gärna också fast bytet efter att bett utdelats då det i annat fall kan vara svårt att senare hitta sitt dödade byte. De ormar som saknar gift förlitar sig ofta på att krama ihjäl sina byten, men det finns även arter som äter sina byten levande.
Det finns två varianter av gifttänder. Antingen har tanden en fåra på utsidan där giftet kan sippra ner i bytet, eller så är den ihålig och fungerar ungefär som en kanyl. På en del ormarter är huggtänderna fastsittande på liknande sätt som vanliga tänder medan på andra ormar är huggtänderna rörliga och infällda tills ormen ska bita sitt byte då de fälls ut. Vår svenska huggorm har gifttänder som fälls fram när de ska användas. Alla bett från en giftorm betyder inte att något gift injicerats. Så kallade torrbett förekommer i varierande grad hos de flesta giftormar i samband med att bettet delats ut till något annat än en tilltänkt måltid. Ett torrbett innebär att ormen biter, men väljer att inte använda sitt gift.

Det finns även ormar som spottar gift, men detta är enbart till för försvar. Ormen spottar ofta mot ögonen för att sätta ett potentiellt hot ur spel. Giftet de spottar är detsamma som det gift de injicerar vid ett bett och giftet kommer från samma giftblåsor. Giftblåsorna är ungefär som ett par små påsar där giftet lagras, inne i huvudet på ormen. Kobror som spottar gift finns både i Afrika och i Asien. Vår svenska huggorm spottar dock inte gift.

3. Rädsla och skrönor

Foto: sethJreid, Pixabay.

Ormar ligger inte på lur för att kasta sig fram och hugga när du går förbi. De försöker i första hand smita undan, vilket gör att man sällan ser dem alls. En orm har inget att vinna på ett möte med oss människor utan ormen känner sig hotad varje gång den stöter på en människa och att slösa på sitt gift (om det är en art som har tillgång till detta) på en människa som ändå inte går att äta finns det för ormen ingen vinst med. Ormar kan ha olika taktiker för att slippa oss människor, men samtliga beteenden går verkligen ut på att försöka slippa oss. Ormen kan ligga blickstilla och förlita sig på sitt kamouflage eller den kan snabbt ringla iväg till bättre gömställe.

Att ormen flyr in i håligheter eller ner under markytan är vanligt. Om flykt eller kamouflage misslyckas är plan B ofta att försöka få oss att backa genom att hota oss. Ormen intar en defensiv position, fräser om det är en art som kan detta och gör kanske några snabba utfall med stängd mun. Att bita oss människor är alltid plan C, som tas till när allt annat har misslyckats. Ett bett är helt enkelt en sista utväg. Ibland kan vi tyvärr råka överraska en orm och kommer då alltför nära.
I ett sådant fall har ormen direkt hamnat på sin sista utväg och då händer det att ormar biter. Vår svenska snok gör knappt det då heller. Det händer att de biter, men jag har aldrig blivit biten av en snok. Jag har aldrig blivit biten av en huggorm heller, men det har hänt att de har försökt.

Vill man få syn på ormar ska man gå försiktigt och ha ögonen med sig. På våren är det lite lättare att se dem då de ligger mera öppet för att solens strålar inte värmer lika bra som på sommaren växtligheten inte riktigt har kommit igång. Det är dessutom så att ormarna inte fått upp sin kroppsvärme riktigt så de är inte lika snabba i flykt vilket gör att de i större utsträckning ligger kvar och förlitar sig på att förbli osedda när du närmar dig.
Man brukar säga att det finns ett säkerhetsavstånd på en halv till en meter. Är man utanför detta säkerhetsavstånd når inte ormen fram till att kunna bita dig. Stöter du på en orm, stanna på detta avstånd och ta lite bilder. Försök inte peta på ormen med en pinne eller något liknande utan låt den vara i fred. Ormen kommer inte under några omständigheter att anfalla dig. Skulle den ringla mot dig handlar det om att du står i ormens reträttväg. Jag har själv stått så vid möte med huggorm ett par gånger, med rejäla kängor på fötterna. Det som hänt då är att huggormen i sin flykt ringlar förbi mig och försvinner till sitt gömställe. Kommer ormen mot dig, ta ett par artiga steg åt sidan och släpp förbi den.

Även om man har läst eller hört att ormarna inte jagar människor, att de inte vill bita oss eller att det inte är ondskefulla djur så är man kanske inte alltid helt rationell när det kommer till rädsla och fobi. Ofta får man kanske också höra att "det där är inget att vara rädd för i Sverige", att man kanske t om är lite löjlig som tycker att det är otäckt och äckligt med ormar. Det är alltid lätt för den som inte själv upplever rädsla eller fobi att uttala sig negativt eller raljant om de som gör det.

Rädsla eller t om fobi för ormar är inte helt ovanligt. Råkar du vara lite reserverad eller rädd för ormar är det inget du ska skämmas för. Vi har det i vår genbank och har kanske även fått det påspätt av våra föräldrar. Apor (du också) har en medfödd predisposition för ormskräck. Det har en gång fyllt en funktion för överlevnad och gör det fortfarande i många länder med extremt giftiga ormar. Tester har gjorts med schimpanser uppfödda och uppväxta i labbmiljö genom att man visade upp bilder på ormar. Utan att någonsin tidigare ha träffat på eller sett en orm när testerna gjordes så reagerade aporna med rädsla. Samma test gav inga reaktioner när man visade upp bilder på kaniner eller andra mindre djur.

Är du rädd eller har du fobi? Många som är rädda för ormar säger själva att dom har en fobi. Detta stämmer inte alltid, det finns en viss skillnad mellan rädsla och fobi.

Ormfobi är en av våra allra vanligaste fobier. För vissa drabbade leder fobin till ett hanterbart obehag, medan andra kan uppleva en kraftig rädsla för ormar. Denna kraftiga rädsla kan ha en negativ påverkan på vardagslivet. Fobi är en stark (orimlig och/eller överdriven) upplevelse av rädsla/obehag/skräck. Personen reagerar med rädsla eller skräck inför ett objekt eller en situation som vanligtvis inte betraktas som farligt, eller så blir reaktionen överdriven som när man till exempel triggas av en bild på en orm. Personer som lider av fobi försöker i stor utsträckning undvika det som personen reagerar inför vilket gör att ormfobin kan vara något som leder till att man begränsar sitt liv. Det kan leda till att man undviker aktiviteter där man skulle kunna stöta på ormar eller att man undviker att resa till tropiska länder på grund av rädsla för giftiga eller stora ormar.

Säkerhetsbeteenden som att till exempel be andra söka av miljöer i förväg, stampa i marken, inte våga gå runt ensam i naturen eller att bära heltäckande kläder kan utvecklas. I vissa fall kan det även vara så att man helt undviker allt som kan räknas som natur, inklusive den egna villatomten, för att vara säker på att få slippa träffa på orm. I takt med att fobin och det undvikande beteendet blir kraftigare, vilket det ofta blir, tillkommer fler platser och situationer som man vill undvika, där man anser att det finns risk för att stöta på ormar. Den begränsande påverkan på ens liv som fobin har, riskerar att öka.

Ormfobi kan ge symtom som hjärtklappning, yrsel, muntorrhet och svettningar när man utsätts för något som triggar en. De med mycket kraftig fobi behöver inte se en orm för att utlösa fobin, utan det kan räcka med att gå på ett ställe där ormar kan misstänkas befinna sig, till exempel i skogen eller i högt gräs. Ångesten kan komma redan innan situationer då man kan tänkas se ormar börjar då man är orolig inför det som komma skall.

Fobier medför att du undviker sådant som egentligen är ofarligt, eller att du kraftigt överskattar farligheten.
Den vanligaste behandlingsformen är kognitiv beteendeterapi (KBT) och man bör söka vård om man känner att ormfobi är något som begränsar det vardagliga livet.

Ormrädsla är vanligare än ormfobi, även om många med rädsla själva säger sig ha fobi. Åtskilliga har sedan barnsben blivit itutade att ormar är elaka och farliga och det finns mångtusenåriga historier där ormar har fått symbolisera det onda. Rädsla fyller funktionen att förbereda dig för att agera för att överleva. Att kunna uppleva rädsla är en viktig del i vår överlevnad, något som hos människor vanligen utvecklas mellan sex månaders och ett års ålder. Rädsla får dig att reagera undvikande på något som kan vara farligt, exempelvis kan den få oss att akta oss i trafiken.

Forskning har visat att det går mycket snabbare att urskilja avvikande objekt som anses hotfulla än avvikande objekt som vi saknar rädsla eller fobi för. Det går alltså snabbare för den som är rädd för eller har fobi för ormar att hitta en orm bland svampar eller blommor än en blomma eller en svamp bland ormar. Detta kan tolkas som att ormarna automatiskt fångar uppmärksamheten, liksom "hoppar fram" ur bilden eller ur omgivningen man ser. Fruktan verkar alltså skärpa uppmärksamheten för det som är skrämmande och känsligheten blir ännu högre hos individer som lider av fobier.

Skrönor

Jag tror att rädslan för ormar bidrar till den enorma mängd skrönor som finns. Ofta kan dessa skrönor tyckas harmlösa, men de gånger det får någon att agera med fara för egen hälsa vid ett möte med en orm är det naturligtvis inte bra. Exempel på när det kan vara farligt är när turister i tropiska länder får förenklad information, där någon som egentligen har bristfälliga kunskaper om ormar uttalar sig lite svepande om hur enkelt man kan se på en orm om den är giftig eller ej. Jag har själv på semester i Asien fått höra att ormar med rund pupill är ofarliga och att ormar med en smal pupill, likt katters, ska vara giftiga. Detta råkar stämma i Sverige då våra två snokar har rund pupill och huggormen ofta en mera kattliknade. Åker man istället till Thailand skulle samma råd innebära att samtliga kobror i landet är helt ofarliga...
Lita alltså inte på lokala "experter" när du vistas på semesterorter! Ibland svarar dessa t om lugnande och ger beskedet att det var en ofarlig orm, utan att ha en aning om vad det var. Allt för att du ska stanna på platsen och förhoppningsvis spendera lite pengar.

I södra Kina finns en giftorm med det vetenskapliga namnet *Deinagkistrodon acutus*. Denna art kallas för hundredpacer, då den enligt legenden ska vara så pass giftig att du efter ett bett hinner springa hundra steg innan du segnar ner och dör. Jag har hört flera varianter på hur pass farlig ormen är där den mest extrema varianten nämnde att du bara hann ta tre steg innan livet var slut. Ormen är giftig, t om rejält giftig, men inget ormgift i världen verkar så snabbt att du enbart hinner tre steg innan du dör.

Sedan har vi alla myter om stora pytonormar och anakondor som påstås ha kramat ihjäl och ätit människor. Att jätteormarna kan döda människor är sant, men att en orm skulle kunna svälja en fullvuxen västerländsk människa är en skröna. Det finns bekräftade exempel på när människor har blivit uppätna i Sydostasien men det har inte handlat om människor av "full västerländsk storlek". Vi är inte spolformade som övriga däggdjur i samma storlek så ormen skulle inte kunna ta sig förbi våra axlar när den försöker svälja oss.
Oavsett om skrönan kan innebära fara för dig eller inte så bidrar säkerligen dessa skrönor till rädslan för ormar och det onödiga dödandet av dessa. I religion och litteratur är det vanligt att ormar symboliserar det onda och har rent demoniska egenskaper. Numera ser man även detta i filmens värld och vissa skrönor har fått evigt liv i sociala medier. Exempel från förr som vi alla känner till torde vara vem som gav Eva äpplet men känner ni till fortsättningen på ordstävet ”den som gräver en grop faller själv däri”? Fortsättningen lyder ”den som river en mur blir biten av en orm”. Antagligen ligger ursprunget till denna rad i att ormar ibland kan leva och bo i stenmurars håligheter.

Mer moderna skrönor kan låta så här: ”en orm klarar sig ett år utan mat om den äter upp sitt hjärta och efter ett rejält mål mat växer hjärtat ut igen”. Naturligtvis helt uppåt väggarna då det dels är omöjligt att komma åt det egna hjärtat och få ner det i magsäcken, ännu mera omöjligt att leva vidare därefter.
Media är duktiga på braskande rubriker som lockar dig att klicka. ”I år är det ett ormår”, kan du läsa nästan varje år i våra dagstidningar. Ofta kommer denna nyhet någonstans mitt i sommaren när några har råkat ut för huggormsbett, men nyheten stämmer aldrig. Huggormar är ”perenna” djur som lever några år och alla huggormar som finns denna sommar fanns även förra året eftersom årets kull kommer i skarven mellan sommar och höst. Lokalt kan naturligtvis populationer av huggormar öka eller minska, men överlag har vi ungefär lika många huggormar i landet varje år. Antalet huggormsbett som kräver vård skiljer sig inte mycket från år till år. Fler bett sker när vädret lockar oss ut i naturen.

En modern klassiker som jag blir matad med, med jämna mellanrum, är denna:
Den som berättar har en bekant som i sin tur har en bekant eller släkting som har en boa/pyton som är flera meter lång och denna stora orm är lös i huset/lägenheten, som en hund ungefär. Hon eller han (oftast en hon av någon anledning?) vaknar på natten av att ormen ligger spikrak i sängen bredvid honom/henne. Hon/han ringer dagen efter till en veterinär och frågar om ormens beteende. Veterinären rekommenderar honom/henne att OMEDELBART göra sig av med ormen
-*Varför?* undrar ägaren.
- *Jo, den gör så för att mäta om bytet får plats i magen och därefter äter ormen upp dig*, svarar den kunniga veterinären.

Naturligtvis stämmer inte denna historia. Jag har läst någonstans att det ska vara ett aprilskämt som fick evigt liv, men om det stämmer vet jag inte. Däremot är jag säker på att det inte finns rovdjur som lägger sig bredvid sitt byte för att avgöra om det eventuella bytet är i lagom storlek. Det finns inga bytesdjur som snällt ligger kvar och låter sig mätas innan uppätandet. Just denna historia har vandrat i många år. Eftersom jag har ett intresse för ormar och pratar mycket orm får jag denna berättad för mig någon gång då och då. Den är fullt i klass med skrönan om råttan i pizzan. Alla känner någon som känner någon som känner någon....

Vår egen huggorm är också ganska mytomspunnen. Huggormshonor ska enligt en myt klättra upp i grenverk när hon ska föda så att ungarna ramlar ner på marken och inte kommer åt att bita ihjäl henne. Det stämmer att huggormen ibland (dock sällan) tar hjälp av gravitationen när hon ska föda, men det handlar inte om att ungarna vill bita ihjäl henne. En annan gammal skröna handlar om att huggormar kan bita sig själv i svansen och därigenom bilda ett hjul som rullar ifatt folk för att anfalla och bita. Det ör lite som hämtat ur en tecknad film. Att huggormsungarna skulle vara giftigare än vuxna huggormar stämmer inte heller, giftet hos ungarna är ungefär det samma fast i mindre mängd. Ny forskning på en annan europeisk huggormsart har påvisat skillnader på giftet mellan ungar och vuxna exemplar. Om denna skillnad innebär något vid bett på människor framgår inte. Min gissning är att skillnaden är så pass liten så att skillnaden i mängd injicerat gift har större påverkan, dvs att det är farligare att bli biten av en större orm som kan leverera en större mängd gift.
När jag skriver denna text, hösten 2024, finns det ingen forskning som stödjer påståendet att någon skillnad finns hos "vår" huggorm.

4. Våra svenska ormar

I Sverige finns tre ormarter, men i denna bok har jag valt att skriva om fyra arter av reptiler eftersom många tror sig se en orm när de stöter på en kopparödla på tomten eller i skogen.
Våra två snokarter tillhör familjen snokar *(Colubridae).* Arter inom denna familj saknar, med några få undantag, gifttänder. Ofta har ormarna inom denna familj en slank kroppsform och en långsmal svans, samt runda pupiller.
Vår huggorm tillhör familjen huggormar *(Viperidae),* där samtliga arter har gifttänder som används vid försvar eller för att döda byten. Giftets styrka varierar hos de olika arterna. Jämfört med snokarna så har huggormarna en mera satt kroppsform och en kortare svans. Pupillen är heller inte rund som hos snokarna, den är vertikalställd som hos en katt. Jag tycker även att fjällens utseende skiljer sig åt. Snokarna ser mera blanka ut än våra huggormar. Det är lite förvirrande att vi i Sverige valt att kalla den art av huggorm som finns hos oss för just huggorm, som även är familjenamnet på ungefär 200 olika arter av huggormar spridda över stora delar av världen. Detsamma gäller för vår snok, som ingår i familjen snokar med ungefär 1800 olika arter.

Fridlysning.

Alla groddjur och kräldjur är fridlysta i Sverige.
Det innebär att det är förbjudet att döda, skada eller fånga ormar och så även deras ägg och ungar. Undantag finns för orm på tomten och gäller enbart om du hittar en huggorm på din tomt. Då får du fånga in och flytta den. Endast om detta inte är möjligt, och ingen annan lösning finns, får du döda huggormen. Om du fångar en huggorm bör du flytta den till något lämpligt ställe minst ett par kilometer bort. Min åsikt är att man, om möjligt, ska undvika att flytta en huggorm då det bästa är att få den att flytta självmant. Jag är dessutom av åsikten att man aldrig behöver döda en huggorm. Kommer du åt att döda den kommer du även åt att fånga den. Du hittar mer om detta längre fram i boken.
Varför är då våra ormar fridlysta? Ormar i allmänhet är hotade eftersom de har dåligt rykte och många ormar dödas så snart de påträffas oberoende av lagstiftning. På grund av myterna om att huggormar är aggressiva och hotfulla (och ibland för åsikten att ormar är "äckliga") så dödas dessa. Tyvärr är det så att många snokar och hasselsnokar (som verkligen är sällsynta) dödas i tron om att de är huggormar. Att fridlysa ormar ger ett visst skydd eftersom artskyddsbrott är en allvarlig sak. Huggormen intar dock en

särställning bland de fridlysta kräldjuren, eftersom det är lagligt att flytta och till och med döda en huggorm på egen tomt. Mer om detta kan du läsa längre fram i boken. Utöver fridlysningen så skyddas våra vilda djur av jaktlagen och jaktförordningen, respektive fiskelagstiftningen.

Våra ormar i Sverige går i dvala i oktober/november och övervintrar sedan på frostfritt djup i hål och gångar under marken. När våren kommer, från slutet av februari och framåt, tittar de fram igen. Hur tidigt på våren de börjar dyka upp beror på väder och hur långt upp i landet dom bor. Samma sak med starten av dvalan; våra huggormar längst upp i norr går i dvala tidigare än de i söder. Säsongen för huggormar börjar tidigare och varar längre än för våra snokar då de klarar kylan bättre.
Hanarna brukar komma fram först på våren, för att värma upp sig och vara alerta och pigga inför parningssäsongen som är i april/maj. Några veckor efter hanarna kommer honorna, och ofta är det de honor som tänker para sig som kommer före de honor som tänker hoppa över ett år. Honorna lockar till sig hanarna med sina doftkörtlar. Framförallt hos snokarna kan det vara många hanar som slåss om att få para sig med samma hona och man kan ibland på våren se stora högar med snok under parningssäsongen. Någonstans inne i högen brukar det finnas en hona. Ungarna föds respektive kläcks i juli/augusti. Det finns enstaka arter i världen som ruvar på äggen, t ex kungskobran, men våra arter ruvar inte, och tar inte heller hand om sina ungar. Födseln sker nära övervintringsplatsen för att nästa generation också ska hitta till denna när det är dags. De nyfödda ungarna följer de äldre ormarnas doftspår för att hitta rätt när kylan kommer. Ormarna återvänder sedan till sin övervintringsplats hela livet, så länge denna får vara oförstörd. Ändrade förutsättningar på platsen kan få ormarna att flytta, exempelvis om planterad granskog gör platsen avsevärt svalare eller om vi människor förstör platsen på annat vis. Så länge övervintringsplatsen får förbli oförändrad används den av generation efter generation, i hundratals så väl som tusentals år.

Att igelkotten äter ormar en myt, möjligtvis äter den redan döda ormar då igelkotten är en asätare. Våra ormar och igelkotten har inte samma dygnsrytm och stöter därför sällan på varandra. Våra ormar är ju mestadels dagaktiva medan igelkotten är skymnings- och nattaktiv.

Foto: Rickard Ljunggren. En alldeles nyfödd huggorm, fotograferad utanför Hässleholm med min bilnyckel som storleksreferens. Nyfödda hasselsnokar och nykläckta snokar är inte större än nyfödda huggormar.

Ormars fiende nummer ett i Sverige är säkerligen människan. Våra husdjurskatter som får vandra fritt i naturen dödar tyvärr en hel del djur, inklusive ödlor och ormar. Utöver människor och våra husdjur kan ormar råka ut för rovfåglar och mindre rovdjur som grävling.

Huggorm, *(Vipera berus),* är den enda svenska orm som är giftig och den har det största geografiska utbredningsområdet av våra ormar. Det är till och med så att arten har det största utbredningsområdet av alla världens ormar.
Vanlig snok, *(Natrix natrix),* förekommer även den på många platser, men är inte lika vitt spridd som huggormen och finns inte lika långt norrut. Den gotländska varianten avviker utseendemässigt lite grand från de snokar man finner på fastlandet. Den har därför beskrivits som en egen underart; *Natrix natrix gotlandica.*
Hasselsnok, *(Coronella austriaca),* är den minst vanliga av Sveriges ormar och återfinns på ett antal platser i de södra och mellersta delarna av landet och då ofta kustnära. Vill man göra det enkelt för sig kan man ofta utesluta att det var en hasselsnok man stötte på.
Och till sist så har vi kopparödlan, *(Anguis fragilis),* som alltså är en benlös ödla och med andra ord inte en orm, även om namnet kopparorm är lika vanligt förekommande som namnet kopparödla. I Sverige förekommer den i hela Götaland, Svealand och längs norrlandskusten. Mer utförlig text om våra arter hittar du i kommande kapitel, tillsammans med bilder så att du lär dig känna igen våra ormar och benlösa ödla.

Inte bara mördarsniglar.

Utöver våra svenska reptiler så finns det även invasiva arter av reptiler. Invasiva arter är arter som med människans medvetna eller omedvetna hjälp flyttats från sin ursprungliga miljö och i sin nya omgivning snabbt börjar sprida sig och orsakar allvarlig skada för ekosystem, infrastruktur eller människors hälsa, vilket medför stora kostnader för samhälle och enskilda. En del invasiva arter finns tyvärr på riktigt medan en del är enbart påhittade. Invasiva arter av reptiler i Sverige handlar uteslutande om husdjur som släppts ut eller rymt. Varje år kan vi läsa om ormar som rymt när ägaren har slarvat. Det handlar nästan alltid om ogiftiga ormar som är på rymmen, då de är väsentligt vanligare som husdjur än giftormar. De som väljer att ha giftormar som husdjur har oftast väl genomtänkta rutiner att luta sig mot när de behöver hantera sitt husdjur och de har även sett till så att det inte finns möjlighet för ormen att rymma. En giftorm på rymmen i hemmet är ju en katastrof för ägaren så som ägare till potentiellt farliga djur tänker man helt enkelt annorlunda. Jag har giftormar i hemmet och dessa bor i ett separat rum där jag har satt ytterdörrar istället för innerdörrar till rummet då dessa är helt täta när de är stängda.

I Florida har man stora problem med pytonormar av arten burmesisk pyton *(Python bivittatus)* som överlever och frodas lika bra där som i Asien, där de ursprungligen hör hemma. Pytonormarna går hårt åt fågellivet i Florida och arten är därför inte längre laglig att importera till USA. Hur många pytonormar som lever i vilt tillstånd i Florida vet man inte men man gissar på mellan 30 000 och 300 000.
Här i Sverige handlar problemet om vattensköldpaddor, likt den jag hade som barn. Den arten och några till är inte längre lagliga att köpa eller sälja i Sverige. Vill du själv skaffa en vattensköldpadda som husdjur bör du läsa på så att du inte köper något du inte borde.
Sommaren 2018 var medeltemperaturen i Sverige troligtvis tillräckligt hög för att befruktade ägg skulle kunna kläckas, men ännu har ingen reproduktion av vattensköldpadda kunnat påvisas i vilt tillstånd i Sverige. Med en livslängd på upp till 30 år, och ett allt varmare klimat, finns en risk för framtida populationsbildningar som kan få stora konsekvenser för den biologiska mångfalden. Den rödörade sköldpaddan är listad som en av de 100 mest skadliga invasiva främmande arterna i världen. Förutom att äta och förstöra livsmiljöer för andra arter kan den även bära på och sprida sjukdomar till både andra djur och till oss människor. Dessa vattensköldpaddor är förbjudna att köpa och sälja inte bara i Sverige utan inom hela EU. Arbetet med att utrota vattensköldpaddan i svensk natur pågår, men fortfarande släpps nya ut när någon tröttnat på sitt husdjur.

I första upplagan av denna bok hade jag med detta stycke:
"Det pratas en del om att utöka listan till att även innehålla kalifornisk kungssnok (Lampropeltis getula californiae). På Kanarieöarna, som egentligen inte har några ormar, finns denna amerikanska orm numera i vilt tillstånd. Jag tror inte att arten överlever i vårt klimat, men listan på invasiva arter är gemensam inom hela EU. Vi får se vad som händer. En udda grej är att kungssnokarna på Kanarieöarna ofta är albinos."
Sedan dess har beslut kommit. Samtliga underarter till arten *Lampropeltis getula* räknas numera som invasiva och det är inte längre lagligt att köpa, sälja eller på annat vis överlåta dessa ormar inom EU. De ormar som redan finns i landet får dock leva kvar hos sina ägare, men de får inte flytta. Det kan tyckas överdrivet att förbjuda en ormart i Sverige för att den kan överleva på Kanarieöarna och sedan 1998 lyckats överleva och sprida sig i naturen, men man ska inte bortse från att klimatet i Sverige förändras. Vi ser idag att vissa arters utbredningsgränser flyttas norrut.

Skrönor finns även om invasiva arter. Ibland hör man att någon dåre ska ha planterat ut skallerormar eller liknande men det är enbart myter utan dokumenterade spår av sanning. De ormar som oansvariga husdjursägare släpper ut i naturen överlever inte vintern och är dessutom inte vana vid ett liv där det finns faror och där det inte serveras mat och dryck med jämna mellanrum.

En envis myt som funnits sedan 90-talet gör gällande att vi ska ha en population strumpebandssnok *(Thamnophis sirtalis)* på västkusten, ungefär i Halland.

"Det har kommit rapporter om att en art av strumpebandssnok, rödsidig strumpebandssnok, etablerat sig i Halland. Eftersom strumpebandssnokar är vana vid kallt klimat, finns det möjligheter att de kan klara sig kvar i Sverige."

Texten ovan har jag saxat från svenska Wikipedia den 8 april 2024. Källan som anges är nästan 20 år gammal men ifrågasätts inte. Jag kollade därefter Artportalen för att ta del av alla de fynd som gjorts där från år 2000 fram till dags datum. Strumpebandssnokar är rätt bra på att yngla av sig och en etablerad population borde kunna ha växt till sig rejält på några år. Föga överraskande så visade det sig att noll fynd hade registrerats där. Kan det bero på att ingen varit intresserad av att leta? Knappast. Hade det varit så att vi fått en fjärde ormart i Sverige hade varenda herpetologisk lokalavdelning haft utflykt till Halland minst en gång om året.
Nyheten om de halländska strumpebandssnokarna har poppat upp några gånger genom åren. Första gångerna jag själv läste om det var på 90-talet i tryckta dagstidningar då det var innan internet tagit världen med storm. Jag pratade i våras med någon som är lite äldre än mig och han vill minnas att det fanns som en nyhet redan på 80-talet. Nu 30–40 år senare borde vi i så fall haft en livskraftig stam av etablerade strumpebandssnokar, kanske inte något som liknar Manitoba* men ändå något som ursäktar de rykten och påståenden som går att hitta på nätet och som poppar upp med jämna mellanrum.

De finns de som påstått sig ha sett dessa strumpebandssnokar på plats i Halland, men av någon anledning har ingen lyckats med att fånga någon orm på bild. Min gissning är att det kanske fanns en strumpebandssnok på rymmen en gång i tiden och att historien därefter fått vingar. Eller så är de bara lika svårfotograferade som Bigfoot ;-)

* Provins i Kanada som är känd för sin stora mängd strumpebandssnokar med extrema parningshögar på våren.

5. Kopparödla

Kopparödlan *(Anguis fragilis)* är en benlös ödla som ibland även kallas kopparorm eller ormslå. Kopparödlan är med andra ord inte någon orm! Det är en ödla i familjen kopparödlor som förekommer i Europa och Asien, men eftersom den saknar yttre extremiteter förväxlas den ibland med en orm. Kopparödlan får vara med i denna ormbok eftersom tanken ju är att man ska bli bättre på att identifiera våra svenska ormar och då kan det bidra att kunna identifiera just denna art som en ödla. Kopparödlan är helt ofarlig för människan och den kan bli över trettio år gammal. Enstaka exemplar i fångenskap har blivit över femtio år gamla!

I Sverige förekommer den i hela Götaland, Svealand och längs norrlandskusten upp till Skellefteå ungefär. Den lever i betesmarker, skogsgläntor, buskmarker och ljunghedar. Kopparödlan trivs bland buskar, i mossa, bland nedfallna torra löv, under stenar och på andra liknande platser. Det är inte helt ovanligt att hitta en kopparödla i komposten! Ungarna lever främst under mossa och löv, medan de vuxna djuren rör sig mera öppet. Ibland ser jag dessa ligga och sola sig helt öppet på stigar och grusvägar. När de försöker fly är det inte alltid dom får grepp om underlaget och sprattlar ibland mest hysteriskt utan att komma någon vart. Kopparödlan är främst aktiv i skymningen medan den under natten och större delen av dagen gömmer sig under stubbar, stenar och liknande.

Kopparödlan kan bli upp till 50 cm lång och saknar helt yttre extremiteter. En stor del av kroppens längd är svans och i förhållande till kopparödlan så har ormar en väldigt kort svans. Ögonen är väl utvecklade och kopparödlan har, till skillnad från ormarna, ögonlock och kan blinka. Inga ormar har ögonlock oavsett art. Hela dess kropp är metalliskt glänsande med små och väldigt släta fjäll. Översidan är kopparfärgad, brunaktig eller gråaktig och utmed ryggens mitt löper ofta en mörk rand. Undersidan är mörkt svartblå. Kroppen är långsträckt och rund, nästan cylinderformad. Kopparödlan är helt utan markerad nacke. Alla kopparödlor föds med en tunn mörkare linje mitt på ryggen och mörkare sidor. Hos vuxna hanar har detta helt försvunnit och de är enfärgade, medan vuxna honor har kvar linjen på ryggen och de mörkare sidorna.

Kopparödlan äter framförallt sniglar och daggmaskar. Den kan även ta andra kräldjur, insekter, tusenfotingar, gråsuggor och spindeldjur. Det förekommer ibland även kannibalism. Kopparödlan går i dvala på frostfritt djup i september-oktober, inte helt sällan i myrstackar, och vinterdvalan lämnas i maj då parningen sker. Kopparödlan föder levande ungar i augusti-september. Dessa är väldigt små, bara 6–10 cm långa.
Arten räknas som livskraftig och populationen bedöms vara stabil. Kopparödlan är, i likhet med alla andra grod- och kräldjur i Sverige, fridlyst sedan år 2000. Kopparödlan är liksom de två andra ödlearterna i Sverige, skogsödla respektive sandödla, helt ofarlig, men på grund av dess yttre likhet med en orm misstas den ibland för att vara farlig. Tyvärr blir många kopparödlor överkörda.
Oviktigt vetande: Det vetenskapliga namnet *"anguis"* betyder orm och *"fragilis"* betyder bräcklig.
Viktigt vetande: Fragilis syftar på ödlans svans som kan lossa. Det behöver inte vara någon som drar i svansen utan den kan lossna av sig själv, genom sammandragning av svansmusklerna. Svansen fortsätter att knycka kraftigt, så att förföljaren ska koncentrera sig på svansen medan ödlan smiter undan. En ny svans växer ut men den blir aldrig lika lång som den första. Undvik att plocka upp kopparödlor då de har sin energidepå i svansen och det är ju synd om de blir av med den för att du är lite nyfiken.

Foto föregående sida: Rickard Ljunggren. En hane (med sin enfärgade kropp) fotograferad en molnig dag. Kopparödlan har väldigt släta fjäll och skiner lite som metall om solens strålar träffar den.

Foto: Harald Matern, Pixabay.

Foto: meineresterampe, Pixabay.

6. Vanlig snok

Vår svenska snok *(Natrix natrix)*, kallas även vattensnok eller vanlig snok, och det är en ormart som är vanlig över stora delar av Europa och som tillhör familjen snokar. Arten saknar gifttänder och är helt ofarlig för människan.
I Sverige förekommer snoken upp till norra Västerbotten. Den lever vanligtvis nära vattendrag och sjöar, där den finner de amfibier som utgör dess huvudsakliga föda. Snokar simmar bra och trivs bra i och i närheten av vatten i låglänta och sumpiga marker. Om snoken blir hotad är den snabb med att dra sig undan. Har den inte möjlighet att fly så kan den spela död genom att lägga sig på ryggen med tungan hängande ut ur munnen. Provar man att vända ormen kommer den att rulla tillbaka till ryggläge och fortsätta spela död. Snoken kan även väsa och göra utfall, men biter väldigt sällan. Det är mestadels tomma hot och utfallen sker nästan alltid med stängd mun. När den känner sig hotad kan den avge ett illaluktande sekret från doftkörtlar vid analöppningen. Får man detta sekret på kläderna kan det vara svårt att få bort lukten. Snoken lägger gärna ägg i gödselstackar och påträffades förr rätt ofta nära dessa varför man då trodde att snokens stank berodde på detta.

Foto: Rickard Ljunggren. Snok som spelar död. Fotograferad vid Hammarsjön, Kristianstad.

Grundfärgen varierar vanligen från grå, gröngrå till brun men det finns även helsvarta exemplar. Vissa snokar har små mörka prickar längs ryggen och nästan alla individer har vita, gula eller orange fläckar på vardera sida av nacken. Snoken är den största ormen i Sverige och kan bli upptill 120–130 cm lång men är oftast kortare än så. "Storfiskarhistorier" om snokar på allt från 1,5 – 2 meter förekommer men ingen har lyckats styrka sina påståenden. Honorna blir betydligt större än hanarna, både gällande grovlek och längd.

Foto: Angelica Kumlin. Snokar kan ibland ha mönster som nästan påminner om huggormarnas. Då är det tur att de ljusa nackfläckarna finns! Helsvarta snokar saknar de ljusa fläckarna, men har då inget mönster heller. Ögat kan vara till hjälp när man vill avgöra om den svarta ormen är en snok eller en huggorm eftersom huggormens öga har röd bottenfärg. (Snokar med huggormsliknande mönster är inte någon form av hybridormar, snok och huggorm kan inte para sig och få avkommor.)

Snoken och huggormen är Sveriges två vanligt förekommande ormar och dessa två blandas ofta ihop. Det finns helsvarta snokar som helt saknar ljusa fläckar på nacken och dessa blir ibland misstagna för att vara huggorm. Jag tycker att man på kroppsformen kan se skillnad på svarta snokar och svarta huggormar. Huggormen är knubbigare och jag tycker även att den har mer struktur i fjällen och är lite mattare. Snokens huvud har stora fjäll, till skillnad från huggormen som har många och små fjäll. Pupillerna är runda, där huggormen har långsmala. Snoken rör sig snabbt och gracilt och är skyggare än huggormen. Ser du en orm som är snabb i flykt, både på land och i vatten, så är det garanterat en snok.
Snoken går i dvala redan i början av oktober och den övervintrar på frostfritt djup i hål och gångar. På våren tittar snoken fram igen och de parar sig oftast i april/maj, men det händer även att de parar sig på hösten. Honorna lockar till sig hanarna med sina doftkörtlar. Det är ofta många hanar som slåss om att få para sig med en och samma hona. Snoken är vår enda äggläggande orm så ser du ormägg i vår natur eller på din tomt så vet du garanterat vad det är. Äggen är vitaktiga, lite mjuka och läderartade och något avlånga. Snokar lägger rätt outvecklade ägg som kläcks efter ungefär två månader, vanligtvis i andra halvan av augusti. En kull ägg är rätt stor, ofta lägger hon 15–30 ägg. Äggen läggs på varma ställen, ofta i gödselhögar eller i ansamlingar av ruttnande växtdelar, där den genererade värmen sörjer för att äggen utvecklas under en förhållandevis hög temperatur. Honan tar sedan inte hand om vare sig äggen eller ungarna utan när äggen är lagda lämnar hon platsen. Snoken föder vanligtvis en kull per sommar. Snoken kramar inte ihjäl sina byten och den har heller inget gift utan dess byten dör helt enkelt medan dom äts upp. Snokens saliv innehåller dock proteiner som den förlamar sitt byte med. Snokar lever främst på vattenlevande djur som fisk och grodor, men kan även ta paddor, sorkar och andra smådjur. Till skillnad mot många andra ormar påverkas snoken inte av paddans gift och paddan är något av en favoritföda. En gammal myt är att snoken inte har tänder och inte bits, men självklart har snoken (väldigt små) tänder. De bits väldigt sällan, men bett på människor förekommer.

I Sverige har snoken minskat i samma takt som antalet öppna gödselstackar försvunnit, men lokalt kan det finnas gott om snok på vissa platser. Idag betraktas den inte som hotad av Internationella naturvårdsunionen, men lokalt är en del underarter och populationer utrotningshotade. Den är föremål för skyddsåtgärder och snoken skyddas av Bernkonventionen, som är en regional naturvårdskonvention för Europa och delar av Afrika för att skydda vilda djur och växter och deras naturliga miljöer.

En gång i tiden kallades ormar som bodde nära eller under hus för "tomtormar", "husormar" eller "boormar", ibland med ändelsen "snok" istället för "orm" (ex."tomtsnok").
Dessa snokar (*Natrix natrix*) kunde få bo i gödselstacken, husgrunden eller i ladugården då de ansågs lyckobringande och man trodde även att de hade förmåga att skydda hus och hem. Tomtormen kunde skydda gården mot åsknedslag och eldsvåda, göra skörden god och hålla de som bodde där fria från sjukdom och osämja. För att snoken skulle använda sina lyckobringande förmågor var det viktigt att man tog väl hand om den. Ett vanligt sätt att måna om ormen på var att erbjuda ett fat med spenvarm mjölk då och då.
Man såg lite annorlunda på den giftiga huggormen.
Mot den försökte man istället att skydda hemmet med trolldom via att skapa en övernaturlig väktare genom att man byggde in en levande huggorm under tröskeln när huset byggdes. Huggormen var ett djur som förknippades med det övernaturliga och onda krafter och man trodde att ormen kunde driva bort annan ondska som försökte komma innanför dörren.

Oviktigt vetande: Ordet *natrix* är latin och betyder simmare. Förr åt man snok i Sverige. Snoken har en underart som på vetenskapligt språk heter *Natrix natrix gotlandica.* Dessa finns enbart på Gotland och på Lilla Karlsö. Gotlandican blir lite mindre och nackfläckarna kan vara alltifrån vita, gula till orange eller röda. Även hos gotlandican kan fläckarna saknas och helsvarta exemplar kan förekomma.

Foto: Rickard Ljunggren. En hyfsat nykläckt kull snokar hemma hos mig (jag har fångenskaps-uppfödda snokar, med uppfödarbevis som styrker detta). Snokarna var två veckor gamla när bilden togs.

Snoken kan bli rätt gammal, den kan bli över tjugofem år gammal.

Foto: Övre bilder, Rickard Ljunggren. Undre bild Tom Hoogesteger. Fläckarna kan vara vita, gula eller orange, eller helt saknas. På en snok som snart ska ömsa kan fläckarna vara otydliga och svåra att se.

7. Hasselsnok

Hasselsnok *(Coronella austriaca)*, kallas även slätsnok och är en ormart som förekommer i Europa och delar av västra Asien och som tillhör familjen snokar. Arten saknar gifttänder och är helt ofarlig för människan. Hasselsnoken kan förväxlas med huggorm och många exemplar mister livet då de dödas av människor på grund av denna förväxling. Hasselsnoken kan bli nästan tjugo år gammal.

Namnet slätsnok beskriver arten bättre än namnet hasselsnok då de är rätt släta och blanka i huden. Det är den enda arten i Sverige som inte har kölade fjäll. Med kölade fjäll menar man att fjällen inte är släta utan de har som en ås på mitten som ofta ser ut som ett streck i fjället. Hittar du ett öms i naturen som saknar detta streck i varje fjäll så vet du att det kommer från en hasselsnok.
Hasselsnoken finns i södra delarna av Sverige, främst längs ostkusten från Skåne till Uppland men även utefter västkusten i Halland, Västergötland och Bohuslän samt kring de stora mellansvenska sjöarna. Ingenstans i landet är den dock vanlig, om man ser över större områden. Sverige är egentligen för kallt för att hasselsnoken helt ska trivas. Stöter du på en orm i svenska naturen är hasselsnoken vanligtvis inte det första du ska gissa på.
Hasselsnoken förekommer i flera typer av miljöer, exempelvis i sandig miljö vid lövskog, ljung- och hagmarker. Man hittar hasselsnoken i soliga miljöer med mycket sten, till exempel på klippbranter eller bland gamla raserade stenmurar. De lever ett undangömt liv och ses sällan sola. Ungar av hasselsnok är väldigt ovanligt att se.

Hasselsnoken äter gnagare, men främst andra reptiler, allt från skogsödla till huggorm. Huggormen verkar inte använda sina tänder till försvar och hasselsnoken är även motståndskraftig mot huggormens gift. Kopparödlan brukar anses vara en favoritmåltid och det förekommer också kannibalism.
När hasselsnoken känner sig hotad kan den avge ett illaluktande sekret från doftkörtlar vid analöppningen precis som vanlig snok gör, men det är ovanligt att hasselsnoken gör så. De kan bitas, vilket vanlig snok sällan gör, bettet är dock helt ofarligt.

Hasselsnoken har ett litet huvud med tydliga fjäll, och har oftast brunaktig eller gråaktig grundfärg med två längsgående rader med mörka fläckar eller band på ryggen. På sidan av huvudet löper ett brunsvart band över ögat. På ovansidan av huvudet har arten en stor, mörk teckning av varierande form. Buken är grå till blågrå hos honan

och rödaktig hos hanen. Hasselsnoken har väldigt släta fjäll om man jämför med huggormen, även slätare än vad vår vanliga snok har. Precis som snoken, så tycker jag att hasselsnoken ofta har en blankare kropp än huggormen. Hasselsnoken kan tyvärr förväxlas med huggorm om man inte är van vid att se orm i naturen och det gör tyvärr att en del anser sig behöva döda hasselsnoken de stöter på. Till skillnad från huggormen har hasselsnoken en rund pupill, men alla vill kanske inte gå så nära att man kan uppfatta formen på pupillen. Hasselsnoken har dessutom en slankare kropp och den har aldrig huggormens sicksackmönster. Är du osäker, gissa på att det är en huggorm du ser, men låt ormen leva.
Som mest kan hasselsnoken bli ungefär 80 centimeter lång, men den blir oftast inte längre än 60–70 cm.
Under vintern går hasselsnoken vanligtvis ensam i ide i hålor och klippskrevor. När våren kommer brukar hasselsnoken vakna sist av våra svenska ormar. Parningen sker på våren strax efter dvalan, vanligen i mitten av april. Tre till femton ungar föds levande från början av augusti till slutet av september och därefter uppsöker de en lämplig övervintringsplats. I de nordliga delarna av utbredningsområdet förökar sig hasselsnoken bara vartannat år.

Hasselsnoken skyddas inom EU genom EU:s habitatdirektiv och Bernkonventionen. I Sverige är hasselsnoken fridlyst och upptagen på den nationella röda listan som sårbar (VU) på grund av vikande biotop och population.

Hasselsnokens tillvägagångssätt för att fånga reptiler verkar vara att snabbt bita tag i bytets huvud, för att sedan svälja detta först. Hasselsnoken kan även lägga ett par slingor av sin kropp kring offret för att hålla fast det medan den sväljer. Just detta med att svälja byten med huvudet först görs av nästan alla ormar, oavsett om det är en stor pyton som sväljer en antilop eller en liten snok som sväljer en mus. Den asiatiska kungskobran (*Ophiophagus hannah*), som lever på andra ormar, sväljer alltid sina byten med huvudet först. Kungskobran dödar med hjälp av sitt gift och biter inte alltid fast i bytets huvud först, men sväljer ändå med huvudet först. Väldigt många djur har en kroppsbyggnad och päls/fjädrar som gör att det är lättast att svälja dessa med huvudet först. Motsatsen blir lite som att klappa en hund mothårs och armar, vingar och ben är mera i vägen om bytet sväljs "baklänges"

Oviktigt vetande: "*Coronella*" betyder "krona" och "*austriaca*" betyder "från Österrike". Arten beskrevs år 1768 av österrikaren Josephus Nicolaus Laurenti som då gav hasselsnoken dess vetenskapliga namn.

Foto: Onkel Ramirez, Pixabay.

Foto: Rickard Ljunggren. Ett par hasselsnokar jag haft i terrarium. Födda i fångenskap i Tjeckien.

Som du sett och läst så har hasselsnoken nästan alltid ett mönster av prickar på ryggen, men det förekommer även att dessa prickar går ihop till två linjer. Se bild på nästa sida.

Foto: Bo Inge Andersson. En hasselsnok med linjer på ryggen.

8. Huggorm

Huggormen *(Vipera berus),* kallas även vanlig huggorm eller europeisk huggorm, och det är en ormart som finns i stora delar av Europa med ungefärlig västgräns från nordvästra till sydöstra Frankrike och ner genom Balkanhalvön. I norr förekommer den upp till mellersta Norge samt norra Sverige och Finland vilket är längre norrut i världen än någon annan art av ormar. Den finns även i Storbritannien, men saknas på Irland och på Island som är två öar som helt saknar ormar. I öster sträcker sig utbredningsområdet genom Ryssland över Sibirien till Stilla havet, nordöstra Kina, ön Sachalin och till Nordkorea. Huggormen är med andra ord den ormart i världen som har störst utbredningsområde.
Huggormen är Sveriges enda giftorm! Dödsfall förekommer, men det är ovanligt! Mer om detta i nästa kapitel.

I Sverige förekommer huggormen i nästan hela landet och saknas endast i den nordvästliga fjällkedjan. Ängsmark, åker och stenig sydsluttning verkar vara miljöer som huggormar trivs bäst i. Jag upplever att det ofta växer ljung eller liknade lågväxande buskage där jag hittar huggorm i Skåne och det kan hända att det är likadant i resten av landet. Taggig växtlighet av olika slag i huggormstrakter verkar också vara vanligt. Om det är för att taggarna erbjuder skydd mot rovdjur eller om det råkar vara så att dessa taggiga växter uppskattar samma miljö som huggormen vet jag inte. Huggormen verkar vara vanligare nära kusten än inne i landet.
Huggormen är inte aggressiv, om den känner sig hotad söker den oftast skydd eller ligger blickstilla med förhoppning att förbli oupptäckt. Lämnas inte huggormen ifred blåser den upp sig för att verka större, väser och kan till sist börja göra utfall. Munnen är inte alltid öppen vid dessa utfall, att bita en människa är för huggormen alltid en sista utväg. Vid bett är det inte alltid så att gift injicerats, man räknar med att närmre hälften av betten på oss människor är så kallade torrbett.

Huggormen dödar sina byten med giftet i bettet. De äter främst smågnagare och ödlor, men även amfibier, mask och fågelungar.

Huggormen kan variera rätt mycket i utseende. Längden på en huggorm är ungefär upp till 60cm för hanar och 70cm för honor. Extremfall upp till 90cm finns dokumenterade, men man ska se det som väldigt ovanligt. Ofta är det så att när någon minns den orm man såg i naturen kommer man ihåg den som mycket större än vad som verkligen var fallet. Precis som att de som ser en orm på semestern i ett exotiskt land sällan tror att det var en harmlös och ofarlig orm man stötte på. Jag misstänker att detta fenomen med att minnas ormarna som större och farligare än vad de verkligen är hänger ihop med den skräckblandade fascination för ormar som många har.

Hanar har en gråbrun, grå eller silvergrå grundfärg med ett svart sicksackmönster på ryggen medan honorna oftast är varmt bruna i grundfärgen och har ett brunt sicksackmönster. Huggormen kan också vara svart vilket på sina håll är relativt vanligt. Ibland kan man skymta sicksackbandet på ryggen på de svarta individerna medan hos många saknas det helt. Röda, mörkt blå, gröna och även himmelsblå individer har påträffats men är lite ovanligare. Sicksackbandet är ofta mera tydligt på hanar än på honor. Ibland är sicksackbandet väldigt otydligt och kan t om helt saknas på vissa individer utöver de helsvarta. Huggormar som snart ska ömsa är inte lika klara i färgerna vilket ytterligare leder till att teckningen inte blir lika tydlig.

Man säger ofta att huggormen har en smal pupill likt den katter har och det stämmer för det mesta. Hur smal pupillen är beror på aktuellt ljusförhållande så ibland kan den vara rätt rund. Det kan vara bättre att titta på färgen runt pupillen om man vill artbestämma med hjälp av ormens öga. Huggormar har en rödbrun färg runt pupillen. Vid öms är ögat jämnt "mjökligt" blått, precis som hos snoken.

Huggormen går i dvala när vintern kommer. Den övervintrar på frostfritt djup i hål och gångar, ofta flera tillsammans och även tillsammans med andra svenska reptilarter. Trots att våra svenska ödlor ofta blir mat till våra ormar övervintrar dessa ihop ibland. En nedkyld orm i dvala äter inte någonting och ödlorna riskerar inte att bli mat förrän våren kommer då våra tre arter av orm fått upp kroppstemperaturen tillräckligt för att kunna smälta mat. På våren tittar huggormen fram igen så tidigt som i februari/mars i södra Sverige, tidigare än snok och hasselsnok. Som hos de andra arterna är det hanarna som tittar fram först, för att värma upp sig inför kommande parningsperiod. Ibland ser man hannar slåss om en hona, men det är enbart "brottning" som går ut på att tvinga ner sin rival till marken, inga bett ingår i kampen. De parar sig i mitten av april och en bit in i maj och ungarna föds oftast i augusti/september.

Antalet ungar varierar från 1–25 och de är ungefär 10cm långa. Huggormen är ovoviviparös, det vill säga den lägger inte sina ägg utan ungarna föds levande omgivna av ett membran från vilket de tar sig ut direkt efter födseln. Efter första ömsningen, vilket sker under det första dygnet, kan ungarna börja jaga och äter då främst små ödlor samt grodor. De huggormar som är helt svarta, föds inte svarta. Alla huggormsungar föds med det välkända sicksackmönstret, sen mörknar vissa efter hand och blir som vuxna helt svarta. Inga hanar föds med ett svart sicksackmönster utan det är brunt när de är nyfödda.
Att ungarna ska vara giftigare än en vuxen huggorm är en myt. Huggormsgiftets komposition förändras antagligen väldigt lite med åldern och dessutom har ju en unge mindre giftblåsor än en vuxen huggorm vilket medför en mindre mängd gift. Huggormen blir upp till femton år gammal, men tio år är en vanligare livslängd.

Huggormen räknas som stabil i landet, dock kan vissa lokala populationer ligga i riskzonen och försvinna när dess miljö drastiskt förändras. Ser man till hela utbredningsområdet räknas huggormen som livskraftig. Sedan år 2000 är huggormarna, liksom alla grod- och kräldjur i Sverige, fridlysta. Min förhoppning är att huggormen och våra två snokar, tack vare kunskap och en attitydförändring hos allmänheten, går mot en ljus framtid. Det är huvudsyftet med denna bok. Ta för givet att det mesta du hör berättas om huggormar inte stämmer, skrönorna är otaliga!

Oviktigt vetande: *Vipera* är latin och härstammar antagligen från de latinska orden *vivus* och *pario*, som betyder "levande" eller "föda fram". Troligtvis är det en hänvisning till det faktum att de flesta huggormsarter ruvar äggen i kroppen som sedan kläcks strax innan födseln. I vardagligt tal kallas det ibland för att de ”föder levande”.
Berus är också latin och betyder ”nordlig”, vilket beskriver artens utbredningsområde väl.
Carl von Linné delade på sin tid in huggormen i tre arter men dessa har senare slagits ihop till en art.
Coluber berus, huggorm med sicksackmönster.
Coluber chersea var en lite mindre och mera rödaktig huggorm. Den kallades för äsping på Linnés tid, ett uttryck som lever kvar i flera betydelser i vår tid. Vissa kallar huggormshonor för äspingar medan andra kallar ungarna för äsping. Jag väljer att inte använda ordet då det enligt mig mest bidrar med möjlighet till missförstånd. Idag vet vi att det handlar om ungar som kan vara rätt rödaktiga innan de färgar ut. Exempel på rödaktig juvenil hittar du på nästa sida.
Coluber prester, den svarta huggormen. Idag vet vi att det är samma art som huggormen med traditionellt sicksackmönster.

Foto: Rickard Ljunggren. Unga huggormar kan vara rätt röda, med åldern brukar dessa bli brunare.

Foto: Björn Thinning. En del huggormar kan vara rätt blåa i grundfärgen. Bild tagen i Erstavik utanför Stockholm.

Foto: Martin Tajmr, Pixabay. En hane i typiskt grå botten och korpsvart mönster.

Foto: Rickard Ljunggren. En hona med brun bottenfärg och brunt mönster.

Foto: Rickard Ljunggren. Två solande huggormar utanför Hässleholm. Att de ligger nära varandra har inget med socialt behov att göra, de solar bara på en plats som bägge två råkade välja.
På nätet får många tipset att titta på huvudets fjäll när de vill ha hjälp att artbestämma den svarta ormen. Snoken har få men stora fjäll och huggormen det motsatta. Det stämmer, men är ju inte användbart i naturen då ormen antagligen rör på sig om du går så nära att du kan detaljstudera dess huvud. Och man vill kanske inte gå så nära?

9. Huggormars gift

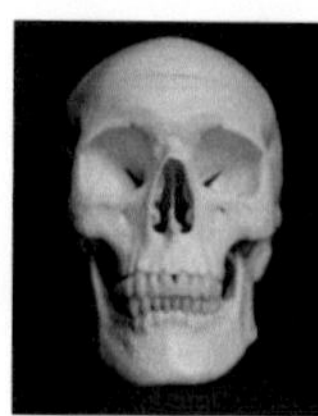

Foto: Anne Nygård, Unsplash.

Vipera berus är en orm vars giftighet ofta underskattas. Giftet är i sig starkare än man kan tro men arten levererar en rätt liten mängd gift vid ett bett (ofta inom spannet 6–18 mg). Giftsammansättningen varierar mellan olika populationer. Dess gift är hemotoxiskt och orsakar hos människor intensiv smärta, svullnad, blödning, defibrination (utarmning av blodets koagulationsfaktorer), hematom (blåmärke/kärlbristning) och nekros (celldöd).

Huggormsbett gör oftast ont och visar sig som två små prickar bredvid varandra på huden med 6–9 millimeters mellanrum. Alla reagerar olika på ett huggormsbett, jag har hört allt ifrån extrem smärta till att man kommit hem från skogen med två prickar på foten och inte märkt att man blivit biten. Här spelar naturligtvis fenomenet torrbett också en stor roll. Att bli biten av en huggorm kan leda till väldigt olika reaktioner. Det är vanligt att det uppstår en blåaktig svullnad runt bettet men svullnaden kan sprida sig till hela den bitna kroppsdelen. Knappt hälften av de som blir bitna av en huggorm får inte några symtom, vilket ofta beror på att inget gift har sprutats in. En del får bara en obetydlig svullnad, medan andra kan bli mycket sjuka.

Dödsfall förekommer men är mycket ovanligt. Man brukar lite svepande säga att en människa vart tionde år dör av ett huggormsbett i Sverige, men troligtvis är det ännu mera sällan nu för tiden då vi har bra sjukvård och många har förståndet att söka vård. Övriga länder i Europa har liknande statistik. Mortaliteten av huggormsbett är så låg som 1–2 promille och sjunker stadigt.
Trots detta bör professionell medicinsk hjälp alltid sökas så snart som möjligt efter ett bett då det kan bli livshotande! Särskilt små barn, gravida, äldre och de med bräcklig hälsa kan reagera värre på ett bett. Hur starkt du reagerar beror dels på mängden gift som har kommit in i kroppen, dels på var du har blivit biten. Hur man själv skulle reagera på ett huggormsbett är omöjligt att förutsäga, vi reagerar alla olika mycket. Återhämtningslängden efter ett bett varierar, men det kan ta upp till ett år.

I Sverige inträffar omkring 300 bett per år av huggorm. Man brukar räkna med att ungefär en tredjedel av betten är torrbett och att ungefär 10% av ormbetten kräver sjukhusvård. Dessa siffror är naturligtvis enbart uppskattade, det är svårt att säga hur stort mörkertalet är.

Om du blir ormbiten i Sveriges natur är det en rätt bra gissning att det var en huggorm som bet dig. Hasselsnoken (*Coronella austriaca*) och snoken (*Natrix natrix*) biter sällan människor och det hör ju dessutom inte till vanligheterna att stöta på hasselsnok för de flesta av oss. De flesta betten sker under perioden mars till oktober, med kulmen under sommartid då vi gärna rör oss utomhus. Ormbett inträffar vanligast längs med kusterna. Ungefär 70 patienter per år läggs in på sjukhus i Sverige för vård efter ormbett och cirka 40 patienter blir intensivvårdskrävande. Yngre män har en viss överrepresentation i statistiken och de får rätt ofta bett i händer eller på underarmar. Kvinnor får oftare än män bett i rumpan...

Ormserum mot huggormsbett finns tillgängligt runt om i landet på de större sjukhusen. Apoteket C W Scheele i Stockholm har ett centralt lager av ormserum och härifrån kan sjukhusen rekvirera serum vid behov. Ormserum från apoteket C W Scheele kan normalt nå fram till alla sjukvårdsinrättningar runt om i Sverige inom 4–6 timmar vid akutrekvisition.

Idag är det vanligt att man behandlar med serum och att man gör det snarast möjligt. Det har kommit nya rekommendationer som säger att man omgående bör tillföra serum till alla patienter som uppvisar toxinrelaterade allmänsymtom, anafylaktisk chock eller har en lokal reaktion som spridit sig mer än 10 centimeter från bettstället. Anledningen till de nya rekommendationerna är att det utan serum har visat sig svårt att undvika att vissa patienter får omfattande lokala reaktioner kring bettet som fortsätter att breda ut sig under de första dygnen. Samma problem kan uppstå om man väntar med att behandla med serum.

En till två veckor efter serumbehandling kan en allergisk reaktion uppstå, s k serumsjuka. Hör av dig till vården om symtom som feber, ledvärk eller trötthet uppträder. Serumsjuka bör behandlas med kortison.

Tillverkningen av huggormsserum är komplicerad och involverar antikroppar som bildats hos immuniserade får eller hästar. Priset för en dos huggormsserum ligger på drygt 25 000 kr, men vi har ju fri sjukvård i Sverige. Utomlands (läs USA!) kan ett giftormsbett bli en extremt kostsam historia!

Jag får ibland frågan, från människor som inte delar min hobby, om jag har serum hemma. Svaret är naturligtvis nej, det har ingen som har giftormar som hobby. Det finns flera anledningar till detta. Serum är dyrt som du såg på föregående sida och det är ju dessutom så att ett serum för att behandla bett från exotiska ormar är ännu dyrare i Sverige då det importeras i väldigt små mängder. Vidare är det så att serum har ett bäst-före-datum så de dyra ampullerna man hade haft hemma hade man fått slänga efter hand. Till sist så är det även så att man ska ju inte leka doktor och man ska under inga omständigheter försöka vårda sig själv vid giftormsbett. Det hade varit lite grann som att försöka agera amatörkirurg om man upptäcker en knöl.

Att ta med egna läkemedel till ett sjukhus och få en utbildad läkare till att använda detta borde vara en omöjlighet. Jag tror i alla fall att ingen ansvarstagande läkare skulle våga använda okända preparat som en patient halar upp ur fickan och påstår är ett lämpligt serum.

Apotek C W Scheele i Stockholm lagerför även serum som används vid bett från de ormarter som förekommer på djurparker och inom hobbyn då det apoteket har ett nationellt uppdrag från Socialstyrelsen att ha hand om landets serumlager. Apotekets lager är inte stort då det är extremt dyra artiklar, med bäst-före-datum, men som förhoppningsvis efterfrågas väldigt sällan. Ett antal gånger per år blir personer i landet bitna av exotiska giftormar, enligt apotekets register. De gånger en patient är i behov av många doser kommer efterföljande doser med reguljärflyg från den aktuella ormens hemtrakter.

Notan till landstinget efter ett giftormsbett från en exotisk orm är ofta sexsiffrig. De som är i behov av serum från apoteket är oftast människor med giftormar som hobby. Det är ovanligt att personal på djurparker får ett giftormsbett. Dels är det utbildad personal på djurparker medan det inom hobbyn kan finnas giftormsägare med varierande kunskaper och rutiner, men framför allt är det så att vi privatpersoner är väldigt många fler än de som har giftormar som en del av sitt yrke.

Foto: Rickard Ljunggren. Bild på en hane, tagen utanför Hässleholm.

Det borde vara så att en huggorm sällan råkar bita sig själv, men om det händer så påverkas den inte av sitt eget gift. Däremot kan en huggorm påverkas av ett giftigt bett från en av sina artfränder. En stor huggorm kan till och med döda en mindre huggorm med sitt gift, men det förekommer extremt sällan. Inte ens vid kamp om en honas gunst under parningsperioden delar huggormar ut bett till varandra utan det är enbart fysiken som avgör vem som går segrande ur dessa kamper.

10. Ormar på tomten

Våra svenska ormar fyller en funktion i vår natur, precis som alla andra djur som hör hemma i vårt land. Våra ormar har sin plats i näringskedjan, både som jägare och som byte. Utan ormar skulle antalet skadedjur öka markant i vårt land, ännu värre skulle det vara i varmare länder. Skulle man ta bort ormarna från Asien skulle risfälten plundras av råttor och svälten kunna bli ett faktum.

Att ha orm på sin tomt är egentligen inget negativt, det betyder att det finns ett existensberättigande och en plats för dessa att leva på och att de fyller en funktion. Risken finns alltid att du lokalt stör naturens balans om du gör något åt ditt ormbestånd, du lyfter ju faktiskt ut en länk i den lokala näringskedjan. Däremot kan denna funktion ibland krocka med rädsla och fobi, samt i vissa fall innebära reell fara.

Alla är inte bekväma med besök av ormar på tomten, men min förhoppning är att fler och fler ska ta sig omaket att flytta ovälkomna hyresgäster istället för att göra processen kort med en spade eller annat tillhygge. Bäst fungerar denna flytt om den görs med hjälp av råden i nästkommande två kapitel, då dessa råd ger dig en långsiktig lösning på ditt problem.

Självklart tycker jag inte att du ska slå ihjäl en orm på tomten, lika lite som jag tycker att du ska försöka slå ihjäl en ekorre som kommit in där. Vi ska vara rädda om vår natur och jag upplever att fler och fler i vårt land inkluderar även våra ormar i detta sätt att tänka och leva. Förbi är tiden då man skröt om att man slagit ihjäl en huggorm, som ju faktiskt är ett oskyldigt litet djur bland alla andra.

Alla sorters ormar och alla övriga herptiler (grodor och ödlor) är fridlysta i Sverige. Det innebär att det är förbjudet att döda, skada eller fånga dessa djur samt deras ägg och ungar. Undantaget är om du hittar huggorm på din tomt. Då har du laglig rätt att fånga in och flytta dessa och även döda som en sista utväg. Alla är naturligtvis inte bekväma med att ge sig ut i trädgården på ormjakt, av olika anledningar. Ofta kan man få hjälp av någon i sin närhet eller så kan man ringa till kommunens miljö- och hälsoskyddskontor och fråga om de känner till personer som kan hjälpa till med att flytta ormar. Utöver detta finns det ibland lokala föreningar med ormintresserade, ibland bor kanske någon medlem på lagom avstånd och kan vara behjälplig?

Värt att tänka på är att ormar ofta lever i små populationer. De lever förvisso ett liv utan socialt behov eller utbyten, men de lever ofta i närheten av samma övervintringsplats där parningen också sker på våren. Har du fått ormbesök på din tomt har du mycket sannolikt en övervintringsplats i närheten. Och har du sett en orm finns det troligtvis flera i närheten. Beståndet lever kanske inte alltid på din tomt, men har du fått ett besök kan du antagligen få flera.

Endast om det inte är möjligt att flytta huggormen, och ingen annan lösning finns, får du gå så långt att du dödar den. Att döda djur i naturen måste alltid vara en sista utväg och jag har för egen del svårt att se tillfällen då detta är den enda lösningen. Värt att tänka på är detta med att det ofta finns fler än just den ormen du mött. Att döda en huggorm löser av den anledningen oftast ingenting eftersom du förr eller senare kommer att få nytt besök om du inte löser problemet permanent på ett sätt så att du och ormarna kan fortsätta livet på varsitt håll. Man ska även vara medveten om att många blir bitna i samband med att man försöker döda ormar, eller plockar upp en orm man tror är död.

Jag läste detta uttalande av biologen Johan Nylander på Naturhistoriska riksmuseet:
"Huggormen biter inte så länge den får vara ifred. Men känner den sig hotad, kan den hugga ända upp till vaden – så gummistövlar med höga skaft är ett bra tips. Män blir oftare bitna i handen än kvinnor. Det händer när de ska vara "modiga" och flytta ormar utan att veta hur man gör. Kvinnor blir oftare bitna i rumpan än män, och hur det går till tror jag nog att du kan lista ut!"

Eftersom rätten att flytta eller döda huggorm är ett undantag i lagen innebär detta att du inte får flytta övriga arter, som till exempel snok, utan att söka dispens hos Naturvårdsverket först. Ibland kan det ju vara en olägenhet med snok på sin tomt också. Jag har haft samtal med en familj som under en och samma vår sett över femtio snokar på sin tomt. Snokarna hade sin övervintringslokal i deras krypgrund och dök inte alltför sällan upp inomhus också. Även om snoken saknar gift så förstår jag att man inte vill ha vilda snokar inomhus, lika lite som att man har lust att lära sig leva med en population gråsparvar i gillestugan. Naturligtvis får du inte döda våra snokar och ödlor, som faktiskt är helt ofarliga för människan! Se istället till så att snokar och ödlor väljer att flytta om du inte kan tänka dig att ha kvar dessa som inneboende på din tomt.

Även om man gör allt rätt i samband med en flytt så är det ändå tyvärr så att man har minskat ormens chanser att överleva. Olika arter hanterar en flytt olika bra. Ibland kan flyttade ormar bli vilsna på sin nya boplats och inte hitta det dom behöver för att fortsatt överleva, ibland kan dom irra iväg letandes efter sin gamla boplats. Detta trots att det på samma plats finns "lokalbefolkning" som lever och frodas väl. Det kan även vara så att dom exponeras mycket mot rovfågel och liknande när dom vistas i ny och okänd miljö. Studier har visat att hanar rör sig mer och längre från platsen där de blivit släppta än vad honor gör. Hanar klarar flytten sämre och utsätter sig för större fara än vad honor gör. Samma studier har visat att honor i stor utsträckning håller sig inom femtio meter från den plats där dom blivit släppta, vilket ökar kravet på att man släppt huggormen på ett väl valt ställe.

Ibland kan flytten ändå vara det bästa alternativet eller till och med det enda alternativet. Ser man problemet på en strukturell nivå så är det även så att flyttade huggormar leder till ett minskat antal huggormsbett, vilket ger en minskad stigmatisering av ormar och i förlängningen kanske en förändring i folks tankesätt till att färre slås ihjäl. Grundbulten för de aktuella ormarna på din tomt kvarstår ändock alltid: det bästa för just dessa djur är att bli lämnade i fred. Tyvärr kan det ibland vara svårt att övertyga sig själv, som tomtägare, att man ska leva vidare i fredlig symbios om rädsla, barn eller husdjur finns att ta hänsyn till. Står valet mellan en snabb avlivning med spade och en flytt, är flytten alltid det bättre alternativet.

Naturvårdsverkets regler kring huggorm på tomt hittar du på deras hemsida.

Detta och kommande två kapitel kan upplevas som lite upprepande och förmanande, men det är medvetet skrivet på detta vis. Du får lite repetition, sen kan du detta och jag har förhoppningsvis pådyvlat dig mina åsikter!

Foto: Rickard Ljunggren. Överst en gravid huggormshona, fotograferad utanför Hässleholm i augusti månad. Undre bild är tagen på stranden utanför Halmstad, en huggormshane som solar i mars månad. Bägge ormar befann sig nära sin övervintringsplats.

11. Att flytta orm

OBS! Flytta **inte** huggorm genom att med handen lyfta dem i svansen! Det är en myt att de inte kan vända sig upp och bita! De försöker sällan, men de kan!
På egen tomt får man lagligt flytta (och, om ingen annan lösning finns, avliva) en huggorm. Min åsikt är att avlivning inte på något sätt är ett alternativ; når du att döda den, når du att fånga in den.
Sveriges övriga ormar får man inte fånga, flytta eller avliva. Snokar kan man lätt skrämma bort genom att närma sig eller genom att ta hjälp av trädgårdsslangen (med snällt tryck så att ormen inte blir skadad!).

Foto: sibya, Pixabay.

Att flytta huggormen man ser på tomten är enbart en temporär lösning och egentligen inte jättebra för ormen. Dock mycket bättre än att döda huggormen naturligtvis. Min åsikt är att det alltid ska vara en sista utväg att flytta huggormar och att det aldrig ska vara en utväg att döda dessa fantastiskt vackra djur. Man ska även vara medveten om att du kan få oönskade effekter om huggormar försvinner från ett område. De lever ju på någonting, vilket innebär att de rovdjur som håller stammen av gnagare nere inte längre finns. Naturen är rätt duktig på att hålla sin balans, ofta när denna balans rubbas så är det vi människor som har ställt till det.
Har du sett en orm, finns det antagligen flera i närheten. Ormar lever i populationer vilket innebär att det finns en stor risk/chans för att du inom kort får ett nytt besök av en annan huggorm. Hur stor risken för nya besök är beror naturligtvis på en mängd olika faktorer och det kan även vara så att det aldrig händer igen. Generellt kan man säga att årstiden spelar roll för hur stor risken för nya besök är. I början och i slutet av huggormarnas säsong ovan mark lever de på ett mera begränsat område, mitt i sommaren kan de röra sig över ett hyfsat stort område. Detta innebär att om du får ormbesök redan i februari/mars så bor du nära en övervintringsplats vilket ökar risken för att du får ett nytt hembesök. Ett sällsynt besök mitt i sommaren kombinerat med att du aldrig hittar huggormar på våren innebär antagligen att övervintringsplatsen är en bit bort och att du bor i utkanten av populationens levnadsområde. Vill man lösa problemet mera permanent så behöver man göra mer än att flytta den orm man har hittat, mer om detta hittar du i nästa kapitel.

Om man ska ge sig på att flytta huggorm gäller uttrycket "less is more". Det absolut bästa för ormen är att bli släppt strax utanför tomten. Då är den fortfarande kvar inom sitt levnadsområde och kommer fortsatt att hitta mat och dryck samt hitta till sin övervintringsplats när det är dags. Huggormar som släpps i ny miljö har rätt låg grad av överlevnad, även om man släpper den på en plats där det redan lever huggorm. Ormarna blir helt enkelt vilsna och slutar aldrig leta efter sin egen hemmiljö. Detta letande, som misslyckas då du antagligen flyttat den en bra bit bort, innebär att den i hög grad är exponerad för faror såsom människor, rovdjur och kanske även trafik. Har du bara släppt den i närmsta skogsbacke, med tanken att den är släppt i naturen och då kommer att klara sig, har huggormen mycket små chanser att överleva. Jag skulle vilja påstå att en huggorm som släpps i en del av naturen som saknar huggormar i princip har noll chans att överleva.

Att släppa huggormen inom sitt levnadsområde men utanför din tomt fungerar bara om du sedan har möjlighet att permanent stänga ute ormar längs din tomtgräns, alternativt gör förändringar på din tomt som får ormen att välja att inte vistas där längre. Om detta inte är möjligt bör du flytta den till något lämpligt ställe minst ett par kilometer bort. Studier har visat att det inte räcker att flytta ormen några hundra meter då den hittar tillbaka. För att det ska räknas som ett lämpligt ställe tycker jag att man ska leta upp en annan huggormspopulation, endast då kan du vara säker på att förutsättningarna för fortsatt liv finns. Våra ormar behöver mat och dryck och någonstans att söka skydd. Dessutom måste den nya boplatsen ha tillgång till en övervintringsplats där huggormarna överlever vintern utan att frysa ihjäl. Har du ingen lämplig "adress" att flytta ormen till bör du ta reda på var det finns en lämplig plats, alternativt låta bli att flytta huggormen.

Det är lättast att hitta och upptäcka ormarna tidigt på våren. De har inte fått upp kroppsvärmen fullt ut ännu då de är växelvarma, vilket innebär att de inte är så snabba i flykten. De är dessutom beroende av att ligga relativt synligt i solen eftersom solens strålar inte värmer lika bra tidigt på våren och all skugga motverkar målet med solandet. Jag upplever att sen förmiddag till någon timme efter lunchtid har gett mig flest möten med orm. För långt in på eftermiddagen kan innebära att dagens solande är över. På våren har dessutom vegetationen inte kommit igång ännu så det är inte lika lätt att ligga dold. På våren har vi dessutom huggormarnas parningssäsong. Ormarna behöver värma upp sig för att klara en parning men även vara ut och röra på sig för att hitta sin tilltänkta hälft för säsongen. Mitt i sommaren är det inte lika vanligt att man ser ormar nära övervintringsplatsen eftersom

dessa ofta har förflyttat sig en bit till annan plats där de vistas under sommaren. Denna flytt görs för att livsbehoven ändras. Mitt i vintern är det enbart dvala för ormen, de äter inte och dricker nästan inget. På sommarhalvåret behöver huggormarna både mat och dryck, samt värme för att kunna smälta maten och fungera för övrigt.
Jag upplever att det under slutet av sommaren åter blir vanligt att se dräktiga huggormshonor nära övervintringsplatsen då dessa ligger och solar rätt mycket innan de föder ungarna. Ungarna föds nära övervintringsplatsen och hittar till denna genom att följa doftspår från äldre huggormar.
Under hösten drar sig ormarna tillbaka till övervintringsplatsen för att när kylan kommer återigen gå i ide. Besöker man en oförstörd övervintringsplats flera gånger på våren kan man upptäcka att samma ormar ligger på samma ställe varje gång. Nästa vår är dom tillbaka igen!
Ska man själv ge sig på att fånga huggorm bör man vara försiktig då det är ett litet och ömtåligt djur som dessutom kan dela ut giftiga bett. Att skada ormen motverkar syftet med en flytt och ett bett kan påverka din hälsa. Se till så att barn och husdjur inte finns i närheten, en huggorm som blir störd och trängd ger sig gärna iväg och man kan uppleva att den ringlar rätt fort när man är ovan vid att hantera situationen. Är du det minsta osäker på om du klarar av att flytta ormen på ett sätt som är säkert för både dig och djuret kan det vara bättre att be någon kunnig om hjälp.

Ibland hittar man råd på nätet som handlar om hur man bör vara klädd. Höga stövlar och tjocka handskar nämns och jag håller med till hälften. Stövlarna är bra. Helst ska de vara tjocka, eller sitta löst, då är man nästan säker på att huggormen inte kommer kunna bita igenom. Handskar ska man däremot inte använda om man inte fryser om fingrarna. Mitt råd är att du aldrig försöker ta i en huggorm med dina händer eftersom risken för ett bett då ökar dramatiskt. Det finns speciella handskar som är till för att hantera giftormar med, kallade för "venom defender gloves". Dessa handskar är gjorda i ett för ändamålet avsett material och går i princip upp till armbågarna. Min gissning är att ingen läsare av denna bok har sådana handskar så därför är det bättre att inte ta på ett par vanliga handskar och hoppas att de är funktionsdugliga. Även om handsken skulle vara tillräckligt tjock så går de oftast bara strax förbi handleden och risken finns alltid att det finns en glipa bar hud ovanför. Det finns även de som haft otur med rejäla handskar där huggormen har råkat bita vid en söm och då fått igenom en tand.

Ett sätt att fånga ormen är att med hjälp av en lövräfsa eller ett sop-set lyfta ner ormen i en hink och sedan lägga ett lock på hinken. Saknar locket låsfunktion bör du tejpa fast detta innan du beger dig iväg för att släppa ut ormen på lämplig plats. Själv använder jag ormkrok och en plastback med låsbart lock, självklart med lufthål i. Se till så att du inte lyfter ormen mer än en halvmeter upp i luften så är du säker på att den inte skadar sig om den slingrar sig loss och ramlar till marken. Dessutom utesluter du helt risken att ormen skulle kunna glida längs med skaftet på det redskap du använder och hamna i din famn. Ormen väljer oftast flykt framför strid så troligtvis kommer den att försöka komma undan genom att hitta skydd där den kan gömma sig. Skulle du misslyckas och ormen har lyckats söka skydd, försök helst inte dra ut den med hjälp av trädgårdsredskap eller gräva fram den. Det är bättre att backa undan och på lagom avstånd bevaka gömslet. Visa hellre tålamod än riskera att skada ormen genom att forcera fram en fångst. Oftast tar det inte så lång tid innan ormen tittar fram igen. Det är på våren till och med så att det inte är helt ovanligt att ormen sedan lägger sig på exakt det ställe där du tidigare hittade den.
Jag har sett tips om att man kan använda salladsbestick eller liknande för att plocka upp huggorm med, men jag har även sett bilder på bitna armar efter att detta råd har följts. Inget du hittar i dina ködslådor är av tillräcklig längd för att riskfritt kunna användas till att lyfta orm med. Tänger till att plocka skräp med, eller liknande, är riskfritt för dig men inte för ormen. Det är lätt att man kniper för hårt och skadar ormens revben eller ryggrad. Man är ju oftast ovan vid att knipa om en sprattlande orm och kanske dessutom lite stressad av situation så risken är stor att man tar i för hårt för att ormen inte ska kunna ta sig loss. Bor man så att man får återkommande återbesök av ormar kan en ormkrok vara en bra investering. Lyfter du en orm med krok kommer den nästan alltid att ringla framåt, att ha en krok i varje hand kan underlätta eftersom du då har en ledig krok framför ormen som den ringlar upp på.

Foto: Rickard Ljunggren. Några av mina ormkrokar. Skylt på terrarium i bakgrunden eftersom många kommuner kräver att man ska märka respektive terrarium med varningsskyltar om man har giftormar som husdjur.

12. Att förändra tomten

För en permanent lösning bör man se över sin tomt och ändra förutsättningarna för ormar att vistas och trivas där. I de fall man råkar ha en övervintringsplats på sin tomt och förändringen innebär att man förstör denna måste man flytta de ormar som övervintrar på din tomt först. I annat fall har man dömt dessa ormar till en långsam död när vintern kommer och deras möjlighet att gå i ide har försvunnit. Det kan även vara så att det finns levande begravda ormar under markytan på övervintringsplatsen.
Det borde höra till ovanligheterna att någon har en övervintringsplats på sin tomt. Undantaget är om man bygger nytt eller flyttar till ett boende som har stått tomt så pass länge att naturen har fått ta över lite grand.
Många som fått in en orm under altanen, utedäcket eller liknande tror att den bor där, men ormen är enbart där på ett tillfälligt besök. Hur fint din uteplats eller din altan än är så har ormen redan sin övervintringsplats som den återvänt till varje år sedan födseln så den kommer förr eller senare att flytta på sig.
Övervintringsplatsen erbjuder en frostfri vinter längre ner än tjälen når eftersom de i annat fall inte överlever. Det får heller inte vara vattensjukt eller för fuktigt där ormarna övervintrar. Så länge denna övervintringsplats finns kvar och fungerar så flyttar inte ormarna. Förutsättningarna på dessa platser kan ändras över tid (till exempel om träd växer upp och skapar ett skuggigt och därigenom kyligare mikroklimat) eller mera drastiskt om vi människor urbaniserar miljön. Det händer då att ormar lyckas med att flytta till nytt boende, men det handlar inte om långa förflyttningar.

Foto: eni_is_da, Pixabay. Snok som gassar på trädäck.
Vanligaste ormen att hitta på villatomten lär vara snoken och förr hände det att arten därför kallades tomtsnok. Jag får en del samtal varje vår och sommar gällande orm på tomten och då är det just snokar som kommit på besök.

För att ormar ska leva på din tomt krävs tillgång till föda, vatten och husrum som skyddar mot både väder och rovdjur. Ormar undviker gärna öppna och tomma ytor så stora delar av livet ligger en orm gärna någorlunda dold och skyddad. För att tillfälligt besöka din tomt krävs möjlighet för ormen att hitta mat eller dryck, gärna utan att behöva utsätta sig själv för risken att bli upptäckt av rovfågel eller liknande.
Våra ormar äter gnagare, ödlor, grodor, paddor, småfisk och mindre fågelarter. Har du sopor öppet, kompost med matrester, fågelmatning, damm på tomten eller annat som ökar chansen att få in smådjur som ormar kan tänkas äta, ökar det risken för orm på tomt. Stryper du tillgången på mat lär ormarna försvinna, men det är i princip omöjligt att få tomten helt fri från småfåglar, grodor, paddor, gnagare och liknande djur och inget jag rekommenderar att du försöker uppnå.
Att ha vattensamlingar, damm eller liknande leder till biologisk mångfald och det kan hända att ormar vill ingå i denna mångfald. Detta gäller främst snokar som gärna lever vattennära och kan jaga byten i vatten. Snokarnas favoritföda är dessutom paddor.
Att få ormar att flytta på grund av bristen på vatten är nog omöjligt, eftersom ormar dricker och äter avsevärt mer sällan än vad vi gör. Ormar svettas inte, har nästan alltid munnen stängd och dricker därför rätt sällan vatten. Genom födan får dom i sig en del vätska och förr eller senare regnar det, eller så förekommer dagg. Ett lönlöst projekt misstänker jag.

Foto: Gabriela Fink, Pixabay. En snok på besök i en näckrosdamm

I vissa länder händer det till och med att man jagar orm genom att lägga korrugerad plåt, plywoodskivor eller liknande på marken. När man sedan lyfter på skivan efter ett tag kan man hitta ormar därunder. I Sverige fungerar detta nästan bara på kopparödlor och i liten mån på snok.
Det enda alternativet som borde vara genomförbart och lyckosamt är att ta bort ormarnas skydd på tomten. Bor man så att det finns en övervintringsplats eller en sommarlokal för ormar i närheten utanför tomten behöver man skapa förändringar som antingen får ormarna att inte välja din tomt för besök eller se till att stoppa ormarna vid tomtgränsen. Det är inte alltid samma platser som den de övervintrar på och som de vistas på under sommaren. Övervintringslokalen behöver ju endast ha skydd mot vinterkylan, sommarlokalen behöver erbjuda mat och dryck samt skydd mot rovdjur.)

En orm som inte är på jakt efter föda, vatten eller fortplantning vill oftast ligga dold. Att ha skräp, stenhögar, täta buskar, sprickor och håligheter i byggnader och murar, plankor och annat liggandes skapar möjligheten för ormen att ligga dold. Man kan också behöva se över tomtens växtlighet, kanske klippa upp buskar och liknande så att det är nakna stammar nedersta biten och därigenom se till så att skyddad miljö inte erbjuds. Jag själv gillar lummiga trädgårdar med mycket växtlighet, men det kan tyvärr vara så att ormarna också gillar detta. Vill man inte ge sig på tomten får man istället se över tomtgränsen. Man får helt enkelt gå igenom tomten för att hitta alla möjligheter för ormar att söka skydd. Täta det som behöver tätas, skapa tomma ytor, städa och röja, kanske klippa och rensa i buskage och i rabatter. Man får helt enkelt använda sin fantasi när man förändrar tomten.
Man kan komma rätt långt genom att skapa en tom yta som en buffertzon mellan sin tomt och angränsande mark om detta är möjligt. Ett "ingenmansland" med en vältrimmad gräsmatta eller liknande kan minska risken för besök avsevärt. I extrema fall kan man behöva stoppa besöken med hjälp av mur eller staket. I Smygehuk byggde kommunen en 190 meter lång mur för att särа huggormarna från turister och kommuninvånare. Höjden på muren är enbart 30 cm, mer behövs inte för att huggormen ska svänga istället för att försöka ta sig över. Det viktiga är att muren/staketet når hela vägen ned till marken, minsta mellanrum så kan små ormar klämma sig under och komma förbi muren. Våra ormar kan inte gräva så ligger bara muren an mot marken så räcker det. Bygg i vilket material du vill, en träskiva på högkant eller tryckimpregnerade bräder med finmaskigt nät mellan varje bräda räcker långt om man inte vill investera för mycket tid och pengar. Se bara till så att det är rejält finmaskigt nät du använder!

Jag har hjälpt till att plocka loss ormar som fastnat i fågelnät så det måste vara mycket finmaskigare än så.
Om man bygger ute ormarna måste man säkerställa att inga ormar blir instängda på tomten. Att bygga en mur eller ett staket kräver ofta en rejäl insats, både i arbete och kapital. Att skapa en tom yta vid gränsen är billigare, men kräver underhåll. Gör det som fungerar bäst för dig och dina ringlande grannar.

Foto: Catharina Johansson Ek. En huggormshona som letat sig in i en vägg och nu är på väg ut.

Precis som gnagare så kan ormar ta sig in i överraskande små utrymmen. Jag hade en gång en liten snok som lyckades pressa sig in under en golvlist i källaren, listen låg inte helt an mot golvets klinkers överallt.

Att ge sig på vinter- eller sommarlokaler utanför den egna tomten är olagligt och det är absolut inte ett alternativ att förstöra djurs boplatser ute i naturen. Lagen förbjuder även dig att fånga och flytta på ormar som befinner sig i naturen utanför din tomt. Enligt 28 kapitlet 11 § brottsbalken kan brott mot fridlysning resultera i böter eller fängelse i högst två år.

13. Semestra etiskt.

Att resa är ett underbart nöje, oavsett om du söker avkoppling eller vill upptäcka världen. Jag själv reser gärna till Sydostasien så ofta plånboken tillåter. Numera är jag en mera medveten turist än jag tidigare har varit och många med mig har börjat tänka på hur man spenderar sina pengar när man är på semester. Fler och fler blir medvetna om att vi med vår turism och vår västerländska köpkraft har stor påverkan på turistindustrin och miljön, särskilt på populära turistorter.
Som djurvänlig turist bör du ställa krav och påverka turistbranschens syn på djur. Det du säger och gör kan få viss effekt för djuren men hur du spenderar semesterkassan kan få väldigt stor effekt för djuren. Utbudet av varor och tjänster på ett resmål styrs av efterfrågan och som turist bör du använda din konsumentmakt till att göra skillnad.

Det kan du göra genom att:
*Inte köpa souvenirer som är gjorda av djurdelar.
*Undvika underhållning och transporter som använder sig av djur.
*Undvika upplägg där du får kramas, hålla i eller fotograferas med ett djur.
*Undvika djurparker eller liknande med undermålig djurhållning.

Ibland är det kanske svårt att avgöra vad som är bra eller dåligt, särskilt om man kanske inte råkar ha ett större intresse för djur och natur. För att göra det enkelt för dig, är du osäker på om det är okej eller inte, välj att avstå. Hade det verkligen varit okej hade du säkert inte tvivlat. Ibland kan det säkert vara svårt att motstå. Det är en "once in a lifetime". Det kan kännas väldigt spännande med farliga djur, gulligt med söta tigerungar eller fantastiskt med en elefant som kan måla en tavla. Men välj ändå att avstå! Ditt semesterminne på 45 minuter och dina häftiga semesterbilder sker helt på djurens bekostnad. Både på de djurens bekostnad som ingick i underhållningen och på de djurens bekostnad som kommer att ingå i underhållningen i framtiden när dagens djur är utslitna och förbrukade.

Alla är vi medvetna om debatten kring Europas cirkusar och djuren som farit illa där tidigare. Alla förfasas vi när vi ser reklam för djurrättsorganisationer på tv som visar klipp på björnar i alldeles för små burar eller djur som pryglas för att brytas ner och bli användbara till underhållning.

En del glömmer tyvärr denna medvetenhet när man är långt hemifrån. Fortfarande ser man ibland på sociala medier någon som glatt poserar med en fastkedjad och sönderdrogad tiger eller någon som glatt rider på en elefantrygg. I stadens trängsel utanför nattklubbarna dyker det upp någon med en leguan, en apa eller en pytonorm och man betalar för att få ta en spännande selfie att visa upp för de där hemma. Jag har själv bidragit till detta tidigare så jag kastar sten i glashus, men idag skulle jag inte drömma om att sponsra denna form av turistattraktion.

Glädjande är att det inte bara är jag som fått ett uppvaknande utan fler och fler väljer att ta avstånd från dessa turistattraktioner. Man vill helt enkelt inte längre ha en bild med den där drogade tigern. Tyvärr har denna medvetenhet inte nått hela vägen fram till ormshowerna. De kan ha olika namn, men oavsett om det kallas "Snake show", "Cobra show" eller "King Cobra show" så är det lika oetiskt som den dansande björnen på gamla tiders cirkusar. Min högst ovetenskapliga tro är att det är lättare att känna empati för den där lilla fastkedjade apan eller tigerungen som folk köar till för att få klappa. Googlar du fenomenet oetisk djurturism hittar du många artiklar om varför du inte ska bidra till att elefanter, tigrar, rovfåglar och apor far illa, men du hittar inte mycket text som tar upp reptilernas förhållanden i turistindustrin.

Man ser lite grand samma fenomen hemma i Sverige. Vissa villaägare kan fortfarande utan att skämmas hacka sönder en huggorm eller en snok som besöker tomten, man ser ibland till och med folk som tar bilder och visar upp dödade ormar som en trofé på sociala medier. Samma människor skulle aldrig få för sig att göra detsamma med päls- eller fjäderbärande smådjur som kommer på besök. Naturligtvis är bägge delar helt orimligt för även om vi inte tycker djuren är söta har vi inte rätten att döda dem.

Naturligtvis är det för ormarna väldigt stressande att stå för underhållningen av turister. Oavsett om det är giftormar fångade i naturen för att roa en förtjust och skräckslagen publik i Thailand eller om det är en stor albino kungsboa som man kan få klappa på Mallorca. Vilda ormar hör hemma i naturen och husdjursormar hör hemma i sitt terrarium.

Foto: Rickard Ljunggren. Bild tagen i Phuket för många år sedan, innan jag själv hade förståndet att låta bli att besöka ormshower. Här en monokelkobra på en kobrashow i Thailand. Utöver att djuren far illa är säkerheten ofta undermålig för oss människor. Olyckor händer, även med dödlig utgång. Oftast är det "artisten" som får ett bett.

Souvenirer som är gjorda utav djur eller djurdelar ska du absolut inte köpa! Den främsta anledningen är enligt mig inte att det är olagligt att ta in dessa souvenirer i Sverige. Jag anser att den främsta anledningen är att djuren skördas (skövlas) i naturen för att bli en exotisk prydnadssak i någons bokhylla. Oftast ska det föreställa en kobra i flaskan, men variationer förekommer. En studie från 2009 visade att ungefär 10% av flaskorna verkligen innehöll en kobra, medan närmre hälften innehöll arten Yellow-spotted keelback (svenskt artnamn saknas), *Fowlea flavipunctata.* Yellow-spotted keelback är inte en kobra utan det är en helt ofarlig snokart som får sätta livet till. Kanske inte helt orimligt att man hellre fångar ofarliga snokar än skygga och giftiga kobror. Man spänner ut snokens kropp med ståltråd eller liknande för att skapa ett kobraliknande utseende och får därmed turister till att öppna plånboken. De gånger jag sett flaskor med "kobror" i till salu i Thailand har det oftast handlat om "keelbacken". Köp en flaska Singha istället så har du inte bidragit till utarmning av naturen.

Foto: Rickard Ljunggren. Tyvärr fotograferade jag genom apotekets skyltfönster, därav den dåliga kvalitén. Bild tagen med mobiltelefon 2011 i Guangzhou i södra Kina. Flaska med naturmedicin, fylld med ormar och ödlor. Folktro är inte lätt att ändra på men vårt sätt att turista borde vara lätt att förändra.

Det är lätt att sätta sig på höga hästar och tycka att vi västerlänningar är upplysta för sådan undermålig djurunderhållning har vi minsann inte hemma i Sverige. Det är ju sant, men man ska inte glömma att vi har valet att låta bli och lagstiftning som hjälper oss att göra rätt. Vår goda ekonomi ger oss valmöjligheter som inte finns i alla länder. Innan man kliver upp på den höga hästen ska man fundera på vilka det är som betalar för underhållningen? Är det vi eller lokalbefolkningen som går på "King Cobra show" eller liknande? Lägg semesterkassan på annat, så kommer de som jobbar inom turism att arbeta med vettigare saker än att behandla ormar illa. Hyr en vildmarksguide! Ett äventyr för livet och en lisa för själen.

Foto: igorda888, Pixabay. Souvenir som innehåller en orm, men det är inte en kobra som man kanske lockas till att tro.

14. Hundar och ormar

Om din hund har blivit biten av en huggorm gäller det att både bevara lugnet och handla snabbt!

Uppsök veterinär omgående.

Bär om möjligt din hund så sprids giftet långsammare i kroppen.

Det viktigt att din hund rör sig så lite som möjligt efter bettet, rörelse får giftet att sprida sig snabbare i kroppen.

Lämna bettstället helt ifred. Försök inte suga ut giftet, kyla, värma eller dra åt ett skärp eller liknande runt den ormbitna kroppsdelen. Det kan förvärra förloppet. Lek inte veterinär!

Behåll lugnet! Hunden stressar om du stressar!

Att du som djurägare ger en antiinflammatorisk dos av kortison på olycksplatsen kan vara en bra idé om hunden är långt från närmsta djursjukhus eller om hunden vid tidigare tillfälle fått en allergisk reaktion på ormgiftet. Detta måste dock ske på inrådan av veterinär!

I Sverige blir drygt 2 000 hundar huggormsbitna varje år. Är du hundägare känner du naturligtvis redan till att hundar tål huggormsgift rätt dåligt då giftet kan ge din hund mycket allvarliga och livshotande skador. Ett huggormsbett kan leda till allt från lokal svullnad kring bettet till allvarligare tillstånd. Varje år dör ett antal hundar av huggormsbett men de allra flesta tillfrisknar. Efter ett huggormsbett uppstår en kraftigt ömmande svullnad som ökar i storlek timme för timme och svår smärta uppstår som kan hålla i ett par dagar. Oftast blir hunden trött inom en timme efter bettet och fick hunden bett i ett ben eller en tass börjar den ofta halta. Det är väldigt ovanligt att en hund svullnar igen i andningsvägarna och får akuta problem med att andas. Ett huggormsbett på en hund är alltid att betrakta som mycket allvarligt och du ska skyndsamt söka hjälp hos veterinär. I lindriga fall blir hunden svullen kring bettet med lokal smärta som följd.
I medelsvåra fall uppstår skador på kroppens organ.

I allvarligare fall får hunden koagulationsrubbningar, kraftiga lever- och njurskador samt störningar i hjärtats funktion. Blodkropparna faller sönder med allvarlig blodbrist som följd. Trots behandling överlever inte alla hundar ett ormbett, så man räknar med att ungefär 5% av alla huggormsbitna hundar dör.
Avgörandet för utgången är hundens storlek, var den blir biten, hur mycket gift som injicerats och hundens allmänna hälsotillstånd.

När du kommit så här långt in i boken är du väl medveten om att huggormar ibland delar ut torrbett. Tyvärr görs detta i mindre grad till hundar än till oss människor. Eftersom hundar är nyfikna och dessutom undersöker sin omgivning genom att komma väldigt nära med nosen skrämmer de upp huggormarna rätt rejält, som då ofta väljer att injicera mycket gift och ibland till och med tömma sina giftkörtlar när de biter den nyfikna hunden.

Hundar blir oftast ormbitna i nosen, kring huvudet eller i ett av frambenen. Generellt är påverkan hos de hundar som blivit bitna i ett ben kraftigare och allvarligare jämfört med dem som fått bett i nosen. När hunden går på benet gör blodcirkulationen och musklernas aktivitet att giftspridningen påskyndas.

Bett kan visa sig i huden som två små hål eller prickar bredvid varandra, men det förekommer även att enbart en tand har perforerat huden. Om bettet medför en giftinjektion uppstår en kraftig och ofta blåröd svullnad runt bettet som kan sprida sig längs den drabbade kroppsdelen. Denna svullnad kring bettet uppstår oftast inom två timmar och många gånger blir hunden, som jag påpekat, påtagligt trött. Det bitna området blir ömt och smärtar. Symtom kan förutom smärtan vara att hunden haltar om den blivit biten i ett ben. Giftet kan orsaka blodkärlsskador, blodtrycksfall, yrsel, slöhet, hjärtrubbningar och medvetslöshet. Hunden kan även drabbas av chock.

Allmäntillståndet kan förvärras under det kommande dygnet och det är därför det är mycket viktigt att din hund skyndsamt kommer till en veterinär för undersökning.

Eftervård

Tiden för tillfrisknandet efter ett huggormsbett varierar mellan några dagar och några månader. Strikt vila i 10–14 dagar rekommenderas efter ett bett från en huggorm. Långtidseffekter efter huggormsbett är ovanliga men några upplever att hunden har nedsatt kondition under en tid. Räkna med att hunden får gå på ett återbesök hos veterinären för uppföljning och provtagning.

Att förebygga.

Saxat från Naturvårdsverkets hemsida:
Under tiden 1 mars till 20 augusti måste du hålla din hund under extra stor uppsikt när ni är ute i naturen. Detta framgår av paragraf 16 i Lagen (2007:1150) om tillsyn över hundar och katter. Där står att hundar ska hindras från att springa lösa i marker där det finns vilt. Naturvårdsverkets tolkning av lagen är att om en hund ska hindras från att springa lös måste den i de allra flesta fall hållas i koppel. Det är bara extremt väldresserade hundar som kan få gå lösa under tiden den 1 mars till den 20 augusti. I praktiken ska hunden, om den är lös, vara högst någon meter ifrån dig. Du behöver ha sådan kontroll över din hund att det motsvarar ett osynligt koppel. Ordet "kopplingstvång" eller "koppeltvång" finns däremot inte i lagstiftningen, förutom i rennäringslagen som i vissa fall kräver att hundar hålls i band eller instängda.
Lagens syfte är att skydda de vilda djuren, både däggdjur och fåglar, under den mest känsliga tiden när djuren får sina ungar. De marker som lagen syftar på är praktiskt taget all naturmark, även större parker och liknande.

Full kontroll även annan tid.
Även annan tid på året måste hunden hållas under sådan tillsyn att den hindras från att förfölja vilda djur. Det innebär att hunden får vara lös inom synhåll, förutsatt att du kan stoppa den eller kalla in den om den stöter på ett vilt djur. Om du inte kan det, ska hunden gå i koppel eller i lina.

Mitt råd är att ha koppel på hunden oavsett hur pass väldresserad du än anser den vara. Hundar kan vara både nyfikna och obetänksamma, det är ju trots allt djur. Det är ett ögonblicks verk, att en nyfiken eller nödig hund tar ett par steg från stigen ut i buskaget för att kissa eller lukta på ormen som ligger där. Ett koppel kan vara en billig försäkring och man är inte en skickligare hundägare för att man klarar av att gå i skogen med en okopplad hund. Som du läste i början av detta kapitel så är det drygt 2 000 hundar om året som blir huggormsbitna. Min tro är att det inte är de 2 000 hundarna i Sverige som är minst väldresserade som blir ormbitna utan min tro är att det är de 2 000 hundar som har haft störst otur. En del med koppel, en del utan. Men med koppel har man kanske lite större möjlighet att "styra turen"? Jag är ofta ute i naturen och besöker huggormarnas övervintringsplatser på våren. Eftersom jag vid de flesta tillfällen gör detta på ett av kommunens populärare strövområden möter jag hundar och hundägare nästan varje gång. Tyvärr möter jag fler okopplade än kopplade hundar där och varje gång jag pekar på en solande huggorm och förklarar vinsten med att använda koppel möts jag av förvåning över att det finns huggorm på platsen.

Ha hunden nära dig och var medveten om att du får se dig för till hunden också om ni är i miljö där ni kan stöta på ormar. Gå gärna där du ser var både du och hunden sätter fötterna. Framförallt på våren kan det vara bra att hålla sig till stigar och vägar. Undviks steniga sydsluttningar, ängsmark med högt gräs, skogsbryn och annan miljö där du vet att det finns orm eller där du tror att det kan finnas. På våren är huggormarna lite slöare och risken för att de inte flyr är större och denna kombination ökar risken för att hund och huggorm stöter på varandra.
Vi bör ha i åtanke att det aldrig är ormens fel om du eller din hund blir biten. Vi är på besök hemma hos ormarna när vi vistas i deras natur. En orm som biter gör det i självförsvar, som en sista utväg. Även om din hund inte har viljan att skada ormar kan en liten orm inte veta och förstå detta, ormen ser bara en stor hund eller en stor människa som kommer alldeles för nära för att det ska kännas tryggt.
Avslutningsvis vill jag ha sagt att jag själv inte är hundägare och antagligen aldrig kommer att bli det. Jag kan en del om ormar och det som faller inom det ämnet, men mycket lite om hundar. Jag tror dock det är bäst att hålla dessa två skilda djurtyper ifrån varandra så gott det går och efter bästa förmåga, för alla inblandade.

15. Om du blir biten

Ormbett utomlands.

Det finns över 3500 ormarter i världen och ungefär 15 % av dessa arter har gift som kan vara farligt för oss människor. Faran vid ett giftormsbett beror på många olika faktorer, till exempel ormens art och storlek, mängden insprutat gift, antalet bett och var på kroppen man blir biten. Bett i huvudet eller på bålen är farligast, men oftast blir man biten på händer, armar eller ben.
Den bitnas kroppsvikt, allmänna hälsotillstånd och individuella mottaglighet för giftet har också stor påverkan. En större kropp kan ofta hantera en mängd gift bättre än en mindre kropp som får samma mängd. Den individuella mottagligheten för ormgift har rätt stor påverkan på hur någon reagerar efter ett giftormsbett. Alla reagerar vi olika mycket eller lite på ett giftormsbett och det är även så att reaktionen kan vara olika från gång till gång om man råkar bli biten vid mer än ett tillfälle.
Man kan inte vaccinera sig mot ormgifter, men alla bör vara tillräckligt vaccinerade mot stelkramp och difteri. Även om pytonormar och många snokar inte är giftiga kan deras bett framkalla infektioner, bland annat stelkramp.

Första hjälpen vid ormbett.

Råka inte i panik - det är få giftormar som är verkligt farliga för människan och ibland väljer ormen att ge så kallade "torrbett" då gift inte injiceras. Uppsök ändå vård eftersom det inte alltid går att avgöra om det var ett torrbett eller ej och du vet ju inte hur just du reagerar på ett bett. Uppsök även vård om du inte är helt säker på att det var en ofarlig orm som bet dig.

Försök att fotografera eller memorera ormens utseende. Behöver du vård, får du fortare rätt vård om vårdpersonal kan ta reda på vad du blev biten av. I en del länder kan vården med hjälp av ett blodprov avgöra vad du har blivit biten av.

Försök inte döda ormen! Många blir bitna när de försöker döda ormar, eller plockar upp en orm som de tror sig ha dödat. Det är t.o.m. så att folk har blivit bitna av halshuggna ormar vilket till exempel hände bland annat en kock i Kina 2014, som dog av bettet.

Undvik att röra dig i onödan, så att eventuellt gift inte sprider sig i kroppen. Tvätta om möjligt bettet snabbt och försiktigt med tvål och rent/kokat vatten. Spott från kobror måste genast tvättas bort från ögon och slemhinnor, varifrån det tas upp i kroppen.

Se till att hålla luftvägarna fria från slem, uppkastningar och blod. Var inte ensam, någon bör ha dig under uppsikt. Ta av åtsittande saker som skor, ringar och klocka eftersom området runt bettstället ofta svullnar upp. Lämna bettstället helt ifred. Försök inte suga ut giftet, kyla, värma eller dra åt ett skärp eller liknande runt den ormbitna kroppsdelen. Det kan förvärra förloppet och varken du eller någon i din närhet ska leka doktor om det inte råkar vara så att man har just detta yrke.
Transport till läkare eller sjukhus bör ske omgående. Du måste köras och kanske bäras. Vid illamående eller kräkningar bör du sitta upp eller läggas i framstupa sidoläge för att hindra eventuella uppkastningar från att komma ned i luftvägar och lungor. En del ormgifter verkar ganska långsamt (4–20 timmar efter bettet), men skjut inte upp transporten, eftersom även andra omständigheter kan ha betydelse (särskilt hos allergiska personer och hos barn verkar giftet snabbare). Syrgasbehandling, dropp samt eventuell antichockbehandling är ofta brådskande. Motgiftsbehandling kan vara lämplig och rädda liv, men bör alltid utföras av läkare. Lita aldrig på huskurer, ta inga chanser.

Att inte bli biten

Risken för ormbett är störst i områden med högt gräs, i skog och i stenig terräng. Vissa ormar söker sig även in i stugor och hus. Använd höga stövlar och långbyxor i naturen, håll dig till vägar och stigar. Skapa vibrationer (stampa) i marken när du går, de flesta ormar undviker människokontakt genom att avlägsna sig långt innan du sett dem. Vid behov, dra en lång gren eller liknande i området framför dina nästa tre-fyra steg. De allra flesta ormar flyr om de får chansen, men det finns även arter som ligger blickstilla och litar på sitt kamouflage. Ett enkelt knep är att inte gå där du inte ser vad du sätter fötterna i. Var ännu försiktigare på kvällar och nätter. I varma länder är många arter nattaktiva och du har dessutom minskade möjligheter att se ormarna. Stanna om du ser en orm så ger du ormen chansen att avlägsna sig. Gör den inte det, backa. Undvik att sticka ned händerna i hål, mörka håligheter och klippsprickor. Om du ser en "död" orm bör du ta en lång omväg, det är inte bara vår svenska snok som kan spela död. Många havslevande ormar är ytterst giftiga, närma dig inte.

Ormgifter verkar i princip på tre olika sätt.

Hemotoxiner, det vill säga gifter som spränger (hemolyserar) de röda blodkropparna eller påverkar blodets förmåga att koagulera.

Neurotoxiner, gift som i synnerhet förlamar nervförbindelserna till musklerna, och i värsta fall förlamar svalg- och andningsmusklerna.

Kardiotoxiner, det vill säga gifter som har en direkt skadlig verkan på hjärtat och leder till cirkulationskollaps och chock.

Avgöra om det är en giftig orm eller ej.

Det är tyvärr omöjligt att med hjälp av ormens utseende avgöra om den är giftig eller ej, om man inte råkar vara kunnig och kan artbestämma den orm man ser. Allmänna regler som gör att man baserat på ormens utseende kan avgöra om det är en giftorm eller ej finns inte. Turistguider och hjälpsam lokalbefolkning kan ibland snyta lite egna fakta ur näsan, ett par svepande meningar som gör att man enkelt kan avgöra faran, men naturen är tyvärr inte så lättläst. Ta för givet att få du möter är kunniga på ormar. Bara för att man bor i landet betyder det inte att man är expert på landets ormar. Min mamma är snart 75 år gammal, har bott i Sverige i hela sitt liv, men är ändå inte expert på älgar och har mycket lite information att erbjuda nyfikna turister från Tyskland.

Många tror att ormen är giftig om den har ett kraftigt, markerat huvud. Det stämmer på vissa ormar, exempelvis palmhuggormen och andra asiatiska huggormar. Tyvärr stämmer den inte på andra giftormar, kraiterna som både finns på land och i havet i Thailand är extremt giftiga men har inte ett direkt markerat huvud. Det finns även ogiftiga arter som vid hot spänner ut sidorna på huvudet för att skapa ett trekantigt huvud och då efterlikna huggormarnas huvudform. En gammal myt är att man kan se på ormens pupill (om man nu vill gå så nära) om den är giftig eller ej. Rund pupill ska betyda att ormen är ofarlig, vertikal ska betyda att den är giftig. Detta stämmer inte alls. De asiatiska huggormarna har vertikala pupiller, kobrorna har runda. Varje art har en pupill formad efter deras levnadsvanor, det har inget med giftighet att göra.

Färger och mönster kan heller inte avgöra om ormen är giftig eller ej. Det finns både färgglada och väl kamouflerade giftormar. Det finns dessutom både färgglada och väl kamouflerade ogiftiga ormar. Som lök på laxen finns det ogiftiga ormar som efterliknar de giftormar som lever inom samma område.

Här i Sverige har vi det någorlunda lätt med artbestämningen eftersom vi ju bara har tre arter att välja på. Trots detta är det så att när folk ber om hjälp med artbestämningen på sociala medier så skjuts det från höften i alla riktningar när svar med tvärsäker ton levereras. Jag brukar försöka hjälpa till med artbestämningen i trädgårdsgrupper och liknande men ibland är det helt hopplöst när man blir motarbetad av ett knippe självutnämnda experter som hänvisar till vad morfar berättade när man hälsade på honom på landet sommaren 1973. Vill du få svar med kvalité bör du leta upp grupper som är tillförlitliga att hjälpa till med identifiering av våra svenska ormar eller kontakta en riktig expert, till exempel Naturhistoriska riksmuseets biologer som hjälper till med artbestämningar.

Kort och gott kan man sammanfatta att är du inte helt hundraprocentigt säker på att du känner igen arten så utgå från att den är giftig. Gå aldrig fram till ormar om du inte har vana och vet vad du gör. Thailand, som ett populärt turistexempel, har ungefär 200 olika arter av orm varav minst 28 av dessa är gröna. Få thailändare är experter på ormarna i det egna landets natur, precis som att få av oss är experter på djur i den svenska naturen.

På nästa sida ser du tre olika arter av ormar som man hittar i den thailändska naturen. En av de tre är giftig, en är vad man brukar kalla milt giftig men ofarlig för oss människor och en är helt ogiftig. Kan du gissa vilken som är giftigast? Rätt svar hittar du på sidan 93.

Bilderna på nästa sida är fotograferade av:

1. Foto: Gleb Korovko, Pixabay
2. Foto: giselaatje, Pixabay
3. Foto: Marcel Langthim, Pixabay

Ormbett i svenska naturen.

Om du blir ormbiten i Sverige är det en rätt bra gissning att det var en huggorm som bet dig. Hasselsnoken och framförallt snoken bits sällan och det hör ju dessutom inte till vanligheterna att stöta på hasselsnok för de flesta av oss. Ormbett inträffar vanligast längs med kusterna, framför allt sommartid. Cirka 70 patienter per år läggs in på sjukhus i Sverige för vård efter ormbett, och cirka 40 patienter blir intensivvårdskrävande.
I Sverige inträffar omkring 300 bett per år av huggorm vilket renderar något enstaka dödsfall varje årtionde. I hela Europa anges dödligheten efter giftormsbett till 30–50 personer per år. Mortaliteten av huggormsbett är så låg som 1–2 promille och sjunker stadigt.
Ormserum mot huggormsbett finns tillgängligt runt om i landet på de större sjukhusen. Apoteket Scheele i Stockholm har ett centralt lager av ormserum och härifrån kan sjukhusen rekvirera serum vid behov.
Ormserum från apoteket Scheele kan normalt nå fram till alla sjukvårdsinrättningar runt om i Sverige inom 4–6 timmar vid akutrekvisition.
Huggormsbett gör oftast ont och visar sig som två små prickar bredvid varandra på huden med 6–9 millimeters mellanrum. Det kan även handla om enbart en prick, hugget har kanske inte varit så välriktat och enbart en tand har perforerat huden.

Alla reagerar olika på ett huggormsbett, jag har hört allt ifrån extrem smärta till att man kommit hem från skogen med två prickar på foten och inte märkt att man blivit biten. Här spelar naturligtvis fenomenet torrbett också en stor roll.
Att bli biten av en huggorm kan leda till väldigt olika reaktioner. Det är vanligt att det uppstår en blåaktig svullnad runt bettet. Svullnaden kan sprida sig till hela den bitna kroppsdelen. Knappt hälften av de som blir bitna av huggorm får inte några symtom, vilket ofta beror på att inget gift har sprutats in. En del får bara en obetydlig svullnad, medan andra kan bli mycket sjuka. Hur starkt du reagerar beror på mängden gift som har kommit in i kroppen och var du har blivit biten. Barn, gamla och gravida är särskilt känsliga och alla reagerar vi individuellt.

Idag är det vanligt att man behandlar med serum. En till två veckor efter serumbehandling kan en allergisk reaktion uppstå, så kallad serumsjuka. Hör av dig till vården om symtom som feber, ledvärk eller trötthet uppträder. Serumsjuka bör behandlas med kortison.

Om du blir biten av en huggorm.

Ring Giftinformationscentralen (112)!

Eftersom det är svårt att veta hur du kommer att reagera på ett huggormsbett ska du alltid ringa Giftinformationscentralen via 112 för att få råd när du har blivit biten av en huggorm.

Åk till sjukhus!

Alla som har blivit huggormsbitna bör observeras på sjukhus. Även om du är opåverkad ska du inte åka ensam utan be om hjälp med att ta dig dit.

Vid allmänpåverkan som illamående, kräkningar, magsmärtor, diarré, yrsel, kallsvettning, hjärtklappning, svullna läppar eller andningsbesvär ska du genast ringa 112 för att få hjälp med transport till sjukhus.

Innan du kommer till sjukhus:

Var stilla och vila eftersom giftet sprids fortare vid ansträngning, håll den bitna kroppsdelen i stillhet.

Ta av åtsittande saker som skor, ringar och klocka eftersom området runt bettstället ofta svullnar upp.

Lämna bettstället helt ifred. Försök inte suga ut giftet, kyla, värma eller dra åt ett skärp eller liknande runt den ormbitna kroppsdelen. Det kan förvärra förloppet. Lek inte doktor!

Rätt svar på bilderna från sidan 90:

Översta bilden: Grön kattsnok *(Boiga cyanea),* milt gift som inte har någon större effekt på människor. En art jag själv har i terrarium hemma. Detta var den första arten jag hittade i Asiens natur och självklart föddes då en önskan om att en dag få ha sådana som husdjur.

Mellersta bilden: Palmhuggorm *(Trimeresurus albolabris),* giftorm som ligger bakom många läkarbesök i Thailand, där även dödsfall förekommer. Även denna art har jag hemma. För tillfället fem exemplar. Denna art är en av mina personliga favoriter och jag har gett ut en bok om denna orm, både på svenska och engelska.

Understa bilden: Kycklingsnok *(Gonyosoma oxycephalum),* saknar helt och hållet gift. Denna art har jag aldrig haft, men sett både i Thailands natur och hemma hos vänner. Det är en art som gärna delar ut defensiva bett och även om det gör lite ont så är det helt ofarligt.

Foto Rickard Ljunggren

Khao Sok nationalpark i Thailand. Här hittar du, som en del av en fantastisk flora och fauna, samtliga tre arter från sidan 90. Strax efter att denna bild togs stötte jag för övrigt på en kycklingsnok.

16. Epilog

Hoppas att du nu finner ormar lika intressanta som jag gör! När våren kommer, bege dig ut i naturen och titta på våra reptiler, eller ännu hellre följ deras livscykel om du har möjlighet. Har du dom på tomten eller i närheten, se dem som en tillgång.
Vi bor i ett land där många av oss har nära till naturen och vår allemansrätt är fantastisk så utnyttja den. Allemansrätten är en rätt för alla människor att färdas över privat mark i naturen och att tillfälligt uppehålla sig där. Men med rätten följer krav på hänsyn och varsamhet mot natur och djurliv, mot markägare och mot andra människor. Ta bilder, lämna fotavtryck. Förutom lugnet som vår natur erbjuder får du frisk luft och dagsljus på köpet!

Foto: Rickard Ljunggren. Malayan pit viper (*Calloselasma rhodostoma*) hittad på en landsväg en sen kväll i utkanten av Hua Hin. Infångad och utsläppt i skogen utanför staden samma natt, tillsammans med Jonathan Hagström. Arten är väldigt giftig.
Att skriva är roligt! Sedan första upplagan av denna bok kom ut har det blivit några böcker inom ämnet. Du hittar dessa i nätbokhandeln om du söker på mitt namn.

Ska du ta med dig något från denna bok så är detta essensen:
*Ormar är inte ondskefulla djur som är ute efter att skada dig.
*Är du rädd för eller har fobi för ormar så är det inget du kan hjälpa, det är inte skamligt eller löjligt. Skammen borde ligga hos en oförstående omgivning (som man förhoppningsvis mest möter på sociala medier).
*Håller du ett avstånd på mer än en meter så finns det ingen risk för att bli biten av en huggorm.
*Att flytta orm från tomten är vanskligt för ormen. Även om du gör allt rätt så är det rätt få ormar som överlever en flytt. Det bästa är att få ormen till att flytta självmant.

Foto: Rickard Ljunggren. En svart huggormshane som solar på våren. Jag har förmånen att ha en population huggormar på cykelavstånd från hemmet. Populationen är lite ovanlig på så vis att nästan alla huggormar är svarta. Några enstaka honor med sicksackmönster förekommer.

Tack för att du läst min bok! Hoppas att den gav dig lite kunskap, råd och nöje!

Med vänlig hälsning Rickard Ljunggren

Tidigare böcker

Möte med orm (första upplagan) – Min ormföreläsning i skriven form. Hur ormar fungerar, ormrädsla, våra svenska ormar, vad man kan tänka på om man har problem med orm på villatomten m.m.

Huggorm – Handlar om just huggormen, *Vipera berus,* och är skriven till den yngre läsaren.

Thailands kobror – En bok om fyra arter av kobra som man kan hitta i Thailand. Hjälper till att identifiera de olika arterna och tar även upp hur du som turist ska bete dig kring ormar. Vänder sig både till den ormintresserade och de som uppskattar att bo eller turista i Thailand.

Snake church – En bok om de församlingar i sydöstra USA som bland annat dansar med skallerormar under sin gudstjänst. Självklart har de aktuella ormarterna också fått varsitt kapitel, då ormar alltid har huvudrollen i mina böcker.

Ormar som husdjur – En allmänt skriven bok, till för att ge nyblivna ormägare en bra start på hobbyn. Tips om det mesta, allt från sjukdomar till hur du ska inreda ormens terrarium.

Palmhuggorm – En bok tillägnad arten *Trimeresurus albolabris.* Boken tar upp allt från artens roll i Vietnamkriget till hur de vill ha det i sina terrarier. När jag skriver dessa avslutande rader i denna bok har jag blivit färdig med en engelsk version av boken. Bokens titel är "White-lipped pit viper", det engelska namnet på arten.

Huggormar – Familjen Viperidae – En bok om famlijen huggormar som finns i Europa, Asien, Afrika, Sydamerika och Nordamerika. Boken beskriver familjen huggormar och tar sedan upp sex olika arter i varsitt kapitel (urvalet är helt baserat på vad jag har för arter i hemmet). Utöver detta så tar boken upp en hel del begrepp inom herpetologin och zoologin som kan vara bra att kunna, vad man ska göra om man blir biten och vad man bör fundera på innan man tar steget att skaffa ormar som kan vara farliga för ens hälsa.